你一学就会的思维导图

NIYIXUEJIUHUIDE SIWEIDAOTU

白虹 —— 编著

中国华侨出版社
北京

前言 PREFACE

"思维导图"概念的提出，标志着人类对大脑潜能的开发进入了一个全新的阶段。如今，这一由英国"记忆之父"东尼·博赞发明的思维工具，已成为21世纪的革命性思维工具，并成功改变全世界超过2.5亿人的思维习惯。作为一种强大的思维工具和21世纪全球革命性的管理工具、学习工具，思维导图的出现，在全球教育界和商界掀起了一场超强的大脑风暴，被人称作"大脑瑞士军刀"。

今天，在哈佛大学、剑桥大学，学校师生都在使用思维导图这项思维工具教学、学习；在新加坡，思维导图已经基本成为中小学生的必修课，用思维导图提升智力能力、提高思维水平已经得到越来越多人的认可。名列世界500强的众多公司更是把思维导图课程作为员工进入公司的必修课，其中不乏IBM、微软、惠普、波音等世界著名的大公司。

21世纪的经济，无疑是以知识经济做主导，全民族智力的发展将决定着国家未来的繁荣昌盛。人类历史越来越演变成为教育与灾难之间的赛跑。要想促进知识经济的发展和国民素质的提高,就必须提高人们学习、工作的能力和效率。思维导图正是可以帮助我们做到这一点的超强大脑工具,它会在我们学习、工作和生活的各个层面发挥作用,为整个社会的发展做出应有的贡献。

  本书融科学性、实用性、系统性、可读性为一体,以思维导图的形式介入广大学生和各行各业学习者的生活、工作中,用简明易懂的讲解和实用易学的心智图挖掘其创造潜能、思维潜能、精神潜能、记忆潜能、身体潜能、感觉潜能、计算潜能和文字表达潜能……解决各类疑难问题,使我们的生活、工作更加轻松、更富成效。

  当全世界有超过 2.5 亿人认识到思维导图的巨大价值,使用思维导图并获益的时候,希望你也成为他们当中的一员!

第一章
揭开思维导图的神秘面纱

第一节　认识你的大脑从认识大脑潜力开始 ········2

第二节　启动大脑的发散性思维 ········6

第三节　思维导图概述 ········8

第四节　让 2.5 亿人受益一生的思维习惯 ········11

第五节　思维导图让大脑更好地处理信息 ········12

第六节　怎样绘制思维导图 ········15

第七节　教你绘制一幅自己的思维导图 ········18

第二章
超越思维极限，唤醒创造天才

第一节　没有解决不了的问题，只有还未开启的智慧 ········22

第二节　画出发掘你创造力的思维导图 25

第三节　让大脑迸发创意的火花——灵感 34

第四节　唤醒你的艺术细胞 38

第五节　只要有创新，垃圾也能变黄金 42

第六节　机器不转动，工厂也能赚钱 44

第七节　创新中的"多一盎司"定律 49

第八节　从"尽职尽责"到"尽善尽美" 52

第九节　2%的改进成就100%的完美 56

第十节　好创意使危机变商机 58

第三章

开启右脑模式，获取超强记忆力

第一节　你的记忆潜能开发了多少 64

第二节　改变命运的记忆术 68

第三节　超右脑照相记忆法 71

第四节　进入右脑思维模式 74

第五节　给知识编码，加深记忆 77

第六节　用夸张的手法强化印象 80

第七节　神奇比喻，降低理解难度 84

第八节　另类思维创造记忆天才 88

第九节　左右脑并用创造记忆的神奇效果 92

第十节　快速提升记忆的9大法则 95

第四章

重塑身体，激发运动潜能

第一节　生命在于运动 100

第二节　运动能让你身心健康 102

第三节　运动，益智健脑的良方 104

第四节　思维导图激活你的身体潜能 106

第五节　有氧运动是你的最佳选择 111

第六节　做出改善身体健康状况的思维导图 114

第七节　运动也要"量体裁衣" 117

第八节　步行，最完美的运动方式 ……… 121

第九节　选好运动"时间表" ……… 124

第十节　反常运动的健康奇迹 ……… 127

第十一节　"轻体育"＋交替运动让自己时尚起来 ……… 130

第五章

厘清思路，画出高效学习力

第一节　4种方法帮助我们启动思考 ……… 138

第二节　3招激活思维的灵活性 ……… 140

第三节　5步让我们克服骄傲的毛病 ……… 143

第四节　6步搞定英语听力 ……… 145

第五节　有效听课应注意的8个细节 ……… 147

第六节　做好作业有6项注意 ……… 149

第七节　11种方法正确进行课后复习 ……… 152

第八节　解决生活和学习中遇到的困惑 ……… 155

第九节　7招强化抗挫折能力，实现高分 ……… 158

第六章
摆脱盲目低效，轻松搞定工作难题

第一节　如何突破工作中的"瓶颈"……162

第二节　如何跨越职业停滞期……166

第三节　如何缓解心理压力……169

第四节　如何摆脱不良的工作情绪……174

第五节　如何保持最佳的工作状态……177

第六节　如何保持完美的职业形象……180

第七节　有效晋升的完美方略……186

第八节　如何在竞争中夺取胜利……192

第九节　如何与他人协作……196

第十节　如何协调工作与生活……200

第七章
突破自我，快速提升社交能力

第一节　突破自我，才能够突破困境……206

第二节　利用思维导图提高情商 ………209

第三节　用爱心和诚信编织自己的社交网络 ………214

第四节　换位思维法 ………218

第五节　悉心倾听，开启对方的心门 ………221

第六节　用"沟通"抹去"代沟" ………225

第七节　如何打造个人品牌 ………228

第八节　关照别人等于关照自己 ………233

第九节　学会分享，微笑竞争 ………235

第十节　有一种成功叫共赢 ………238

第一章
揭开思维导图的神秘面纱

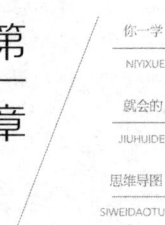

你一学
NIYIXUE
就会的
JIUHUIDE
思维导图
SIWEIDAOTU

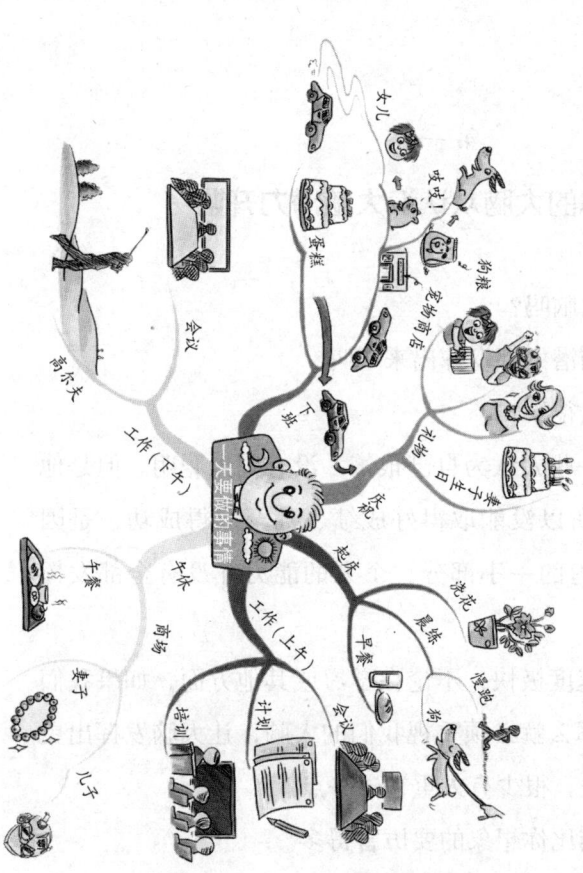

第一节

认识你的大脑从认识大脑潜力开始

你了解自己的大脑吗？

你认为自己大脑潜力都发挥出来了吗？

你常常认为自己很笨吗？

生活中，总有一些人认为自己很笨，没有别人聪明。但是他们不知道，自己之所以没能取得好成绩、甚至取得成功，是因为只使用了大脑潜力的一小部分，个人的能力并没有全部发挥出来。

现在社会发展速度极快，不论在学习或其他方面，如果我们想表现得更出色，那么就必须重视我们的大脑，让大脑发挥出更大的潜力。遗憾的是，很少有人重视这一点。

其实，你的大脑比你想象的要厉害得多。

近年来，对大脑的开发和研究引起了很多科学家的注意，他们做了很多有益的探索，也取得了很多新的科研成果。过去10年中，人类对大脑的认识比过去整个科学史上所认识的还要多得多。特别是近代科技上所取得的惊人成就，使我们能够借助它们得以一窥大脑的奥秘。

他们一致认为，世界上最复杂的东西莫过于人的大脑。人类在探索外太空极限的同时，却忽略了宇宙间最大的一片未被开采过的地方——大脑。我们对大脑的研究还远远不够，还有很多未知的领域，而且可以肯定我们对大脑的研究和开发将会极大地推动人类社会的进步。

那么，就让我们先来初步认识一下我们的头脑——这个自然界最精密、最复杂的器官：

人脑由三部分组成，即脑干、小脑和大脑。

脑干位于头颅的底部，自脊椎延伸而出。大脑这一部分的功能是人类和较低等动物（蜥蜴、鳄鱼）所共有的，所以脑干又被称为爬虫类脑部。脑干被认为是原始的脑，它的主要功能是传递感觉信息，控制某些基本的活动，如呼吸和心跳。

脑干没有任何思维和感觉功能。它能控制其他原始直觉，如人类的地域感。在有人过度接近自己时，我们会感到愤怒、受威胁或不舒服，这些感觉都是脑干发出的。

小脑负责肌肉的整合，并有控制记忆的功能。随着年龄的增长和身体各部分结构的成熟，小脑会逐渐得到训练而提高其生理功能。对于运动,我们并没有达到完全控制的程度,这就是小脑没有得到锻炼的结果。你可以自己测试一下:在不活动其他手指的情况下,试着弯曲小拇指以接触手掌,这种结果是很难达到的,而灵活的大拇指却能十分轻松地完成这个动作。

大脑是人类记忆、情感与思维的中心,由两个半球组成,表面覆盖着2.5~3毫米厚的大脑皮层。如果没有这个大脑皮层,我们只能处于一种植物状态。

大脑可分成左、右两个半球,左半球就是"左脑",右半球就是"右脑",尽管左脑和右脑的形状相同,二者的功能却大相径庭。左脑主要负责语言,也就是用语言来处理信息,把我们通过五种感官(视觉、听觉、触觉、味觉和嗅觉)感受到的信息传入大脑中,再转换成语言表达出来。因此,左脑主要起处理语言、逻辑思维和判断的作用,即它具有学习的本领。右脑主要用来处理节奏、旋律、音乐、图像和幻想。它能将接收到的信息以图像方式进行处理,并且在瞬间即可处理完毕。一般大量的信息处理工作(例如心算、速读等)是由右脑完成的。右脑具有创造性活动的本领。例如,我们仅凭熟悉的声音或脚步声,即可判断来人是谁。

有研究证明,我们今天已经获取的有关大脑的全部知识,可能还不到必须掌握的知识的1%。这表明,大脑中蕴藏着无数待开发的资源。

如果把大脑比喻成一座冰山的话,那么一般人所使用的资源还不到1%，这只不过是冰山一角；剩下99%的资源被白白闲置了，而这正是大脑的巨大潜能之所在。

科学也证明，我们的大脑有2000亿个脑细胞，能够容纳1000亿个信息单位，为什么我们还常常听一些人抱怨自己学得不好，记得不牢呢？

我们的思考速度大约是每小时480英里，快过最快的子弹头列车，为什么我们不能思考得更迅速呢？

我们的大脑能够建立100万亿个联结，甚至比最尖端的计数机还厉害，为什么我们不能理解得更完整更透彻呢？

而且，我们的大脑平均每24小时会产生4000种念头，为什么我们每天不能更有创造性地工作和学习呢？

其实，答案很简单。我们只使用了大脑的一部分资源，按照美国最大的研究机构斯坦福研究所的科学家们所说，我们大约只利用了大脑潜能的10%，其余90%的大脑潜能尚未得到开发。

我们不妨大胆假设一下，假如我们能利用脑力的20%，也就是把大脑潜能提高一倍的话，你的外在表现力将是多么惊人！

或许我们已经知道，我们的大脑远比以前想象的精妙得多，任何人的所谓"正常"的大脑，其能力和潜力远比以前我们所认识到的要强大得多。

现在，我们找到了问题的原因，那就是我们对自己所拥有的内在潜力一无所知，更不用说如何去充分利用了。

第二节

启动大脑的发散性思维

思维导图是发散性思维的表达，作为思维发展的新概念，发散性思维是思维导图最核心的表现。

比如下面这个事例。

在某个公司的活动中，公司老总和员工们做了一个游戏：

组织者把参加活动的人分成了若干个小组，每个小组选出一个小组长扮演"领导"的角色，不过，大家的台词只有一句，那就是要充满激情地说一句："太棒了！还有呢？"其余的人扮演员工，台词是："如果……有多好！"游戏的主题词设定为"马桶"。

当主持人宣布游戏开始的时候，大家出现了一阵习惯性的沉默，不一会儿，突然有人开口："如果马桶不用冲水，又没有臭味有多好！"

"领导"一听，激动地一拍大腿："太棒了！还有呢？"

另外一个员工接着说："如果坐在马桶上也不影响工作和娱乐有多好！"

又一位"领导"也马上伸出大拇指："太棒了！还有呢？"

"如果小孩在床上也能上马桶有多好！"

……

讨论进行得热火朝天，各人想法天马行空，出乎大家的意料。

这个公司的管理人员对此进行了讨论，并认为有三种马桶可以尝试生产并投入市场：一种是能够自行处理，并能把废物转化成小体积密封肥料的马桶；一种是带书架或耳机的马桶；还有一种是带多个"终端"的马桶，即小孩老人都可以在床上方便，废物可以通过"网络"传到"主"马桶里。

这个游戏获得了巨大的成功，其中便得益于发散性思维的运用。

针对这个游戏，我们同样可以利用思维导图表示出来。

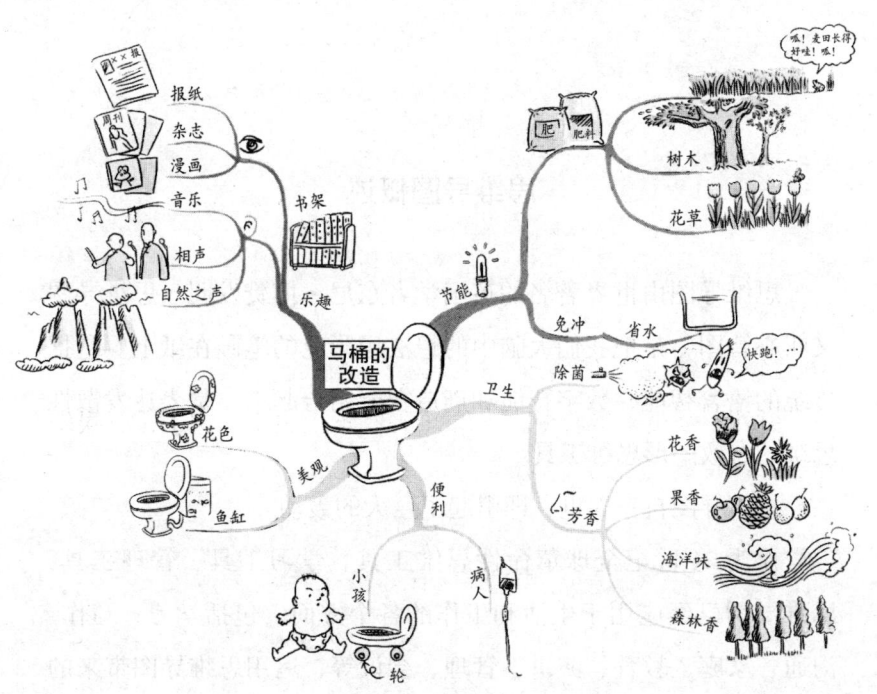

大脑作为发散性思维联想机器，思维导图就是发散性思维的外部表现，因为思维导图总是从一个中心点开始向四周发散的，其中的每个词汇或者图像自身都成为一个子中心或者联想，整个合起来以一种无穷无尽的分支链的形式从中心向四周发散，或者归于一个共同的中心。

我们应该明白，发散性思维是一种自然和几乎自动的思维方式，人类所有的思维都是以这种方式发挥作用的。一个会发散性思维的大脑应该以一种发散性的形式来表达自我，它会反映自身思维过程的模式，给我们更多更大的帮助。

第三节
思维导图概述

思维导图由世界著名的英国学者东尼·博赞发明。思维导图又叫心智图，是把我们大脑中的想法用彩色的笔画在纸上。它把传统的语言智能、数字智能和创造智能结合起来，是表达发散性思维的有效图形思维工具。

思维导图自一面世，即引起了巨大的轰动。

作为21世纪全球革命性思维工具、学习工具、管理工具，思维导图已经应用于生活和工作的各个方面，包括学习、写作、沟通、家庭、教育、演讲、管理、会议等，运用思维导图带来的学习能力和清晰的思维方式已经成功改变了2.5亿人的思维习惯。

英国人东尼·博赞作为"瑞士军刀"般思维工具的创始人，因为发明"思维导图"这一简单便捷的思维工具，被誉为"智力魔法师"和"世界大脑先生"，闻名世界。作为大脑和学习方面的世界超级作家，东尼·博赞出版了80多部专著或合著，系列图书销售量已达到1000万册。

思维导图是一种革命性的学习工具，它的核心思想就是把形象思维与抽象思维很好地结合起来，让你的左右脑同时运作，将你的思维痕迹在纸上用图画和线条形成发散性的结构，极大地提高你的智力技能和智慧水准。

在这里，我们不仅是介绍一个概念，更要阐述一种最有效最神奇的学习方法。不仅如此，我们还要推广它的使用范围，让它的神奇效果惠及每一个人。

思维导图应用得越广泛，对人类乃至整个宇宙产生的影响就越大。

而你在接触这个新东西的时候会收获一种激动和伟大发现的感觉。

思维导图用起来特别简单。比如，你今天一天的打算，你所要做的每一件事，我们可以用一张从图中心发散出来的每个分支代表今天需要做的不同事情。

简单地说，思维导图所要做的工作就是更加有效地将信息"放入"你的大脑，或者将信息从你的大脑中"取出来"。

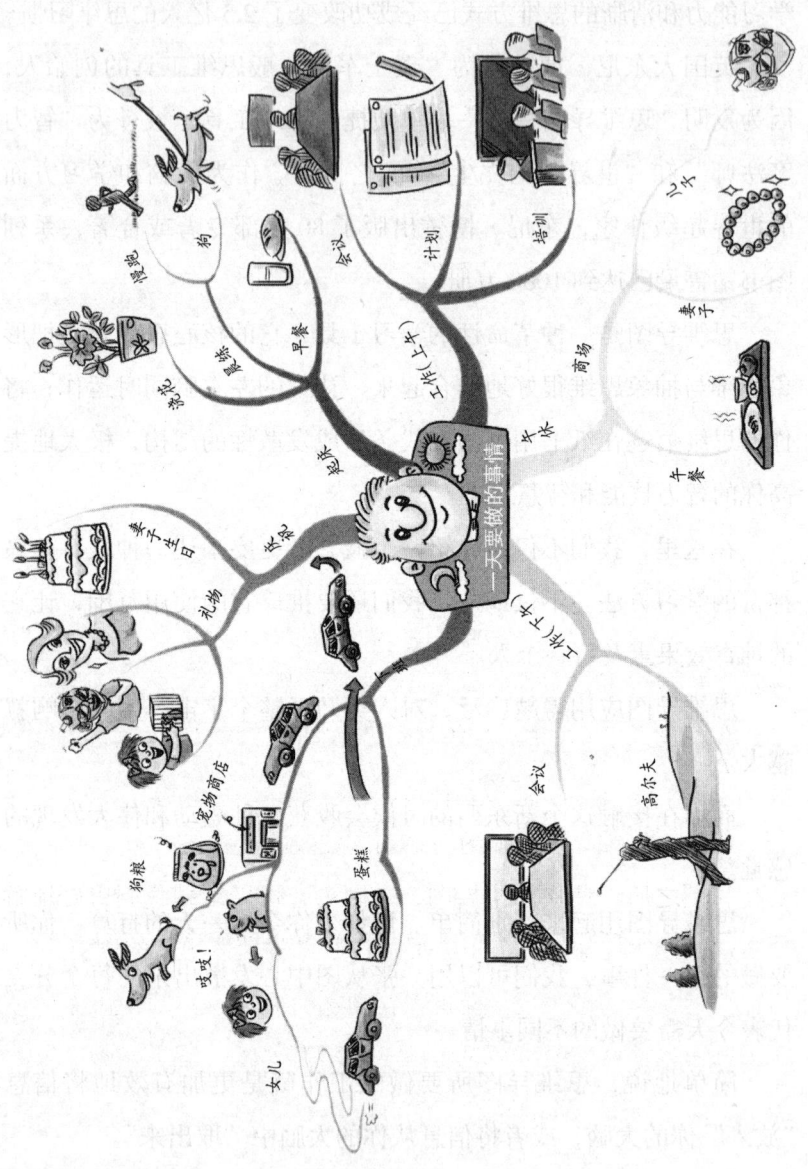

思维导图能够按照大脑本身的规律进行工作，启发我们抛弃传统的线性思维模式，改用发散性的联想思维思考问题；帮助我们做出选择、组织自己的思想、组织别人的思想，进行创造性的思维和脑力风暴，改善记忆和想象力等；思维导图通过画图的方式，充分地开发左脑和右脑，帮助我们释放出巨大的大脑潜能。

第四节

让 2.5 亿人受益一生的思维习惯

随着思维导图的不断普及，世界上使用思维导图的人数可能已经远远超过 2.5 亿。

据了解，目前许多跨国公司，如微软、IBM、波音正在使用或已经使用思维导图作为工作工具；新加坡、澳大利亚、墨西哥早已将思维导图引入教育领域，收效明显，哈佛大学、剑桥大学、伦敦经济学院等知名学府也在使用和教授"思维导图"。

可见，思维导图已经悄悄来到了你我的身边。

我们之所以使用思维导图，是因为它可以帮助我们更好地解决实际问题，比如，在以下方面可以帮助你获取更多的创意：

（1）对你的思想进行梳理并使它逐渐清晰；

（2）以良好的成绩通过考试；

（3）更好地记忆；

（4）更高效、快速地学习；

（5）把学习变成"小菜一碟"；

（6）看到事物的"全景"；

（7）制订计划；

（8）表现出更强的创造力；

（9）节省时间；

（10）解决难题；

（11）集中注意力；

（12）更好地沟通交往；

（13）生存；

（14）节约纸张。

第五节

思维导图让大脑更好地处理信息

让大脑更好更快地处理各种信息，这正是思维导图的优势所在。使用思维导图，可以把枯燥的信息变成彩色的、容易记忆的、高度组织的图，它与我们大脑处理事物的自然方式相吻合。

思维导图可以让大脑处理起信息更简单有效。

从思维导图的特点及作用来看，它可以用于工作、学习和生活中的任何一个领域里。

比如，作为个人：可以用来进行计划，项目管理，沟通，组织，分析解决问题等；作为一个学习者：可以用于记忆，笔记，写报告，写论文，做演讲，考试，思考，集中注意力等；作为职业人士：可以用于会议，培训，谈判，面试，掀起头脑风暴等。

利用思维导图来应对以上方面，都可以极大地提高你的效率，增强思考的有效性和准确性以及提升你的注意力和工作乐趣。

比如，我们谈到演讲。

起初，也许你会怀疑，演讲也适合做思维导图吗？

没错！你用不着担心思维导图无法使相关演讲信息顺利过渡。一旦思维导图完成，你所需要的全部信息就都呈现出来了。

其实，我们需要做的只是决定各种信息的最终排列顺序。一幅好的思维导图将有多种可选性。最后确定后，思维导图的每个区域将涂上不同的颜色，并标上正确的顺序号。继而将它转化为写作或口头语言形式，将是很简单的事，你只要圈出所需的主要区域，然后按各分支之间连接的逻辑关系，一点一点地进行就可以了。

按这种方式，无论多么烦琐的信息，多么艰难的问题都将被一一解决。

又比如，我们在组织活动或讨论会时需用的思维导图。

也许我们这次需要处理各种信息，解决很多方面的问题。当我们没有想到思维导图的时候，往往会让人陷入这样的局面：每个人都在听别人讲话，每个人也都在等别人讲话，目的只是等说话人讲完话后，有机会发表自己的观点。

在这种活动或讨论会上，或许会发生我们不愿看到的结果，比如，大家叽叽喳喳，没有提出我们期望的好点子，讨论来讨论去没有解决需要解决的问题，最后现场不仅没有一点秩序，而且时间也白白地浪费了。

这时，如果活动组织者运用思维导图的话，所有问题将迎刃而解。活动组织者可以在会议室中心的黑板上，以思维导图的基本形式，写下讨论的中心议题及几个副主题。让与会者事先了解会议的内容，使他们有备而来。

组织者还可以在每个人陈述完他的看法之后，要求他用关键词的形式，总结一下，并指出在这个思维导图上，他的观点从何而来，与主题思维导图的关联等。

这种使用思维导图方式的好处显而易见：

（1）可以准确地记录每个人的发言；

（2）保证信息的全面；

（3）各种观点都可以得到充分的展现；

（4）大家容易围绕主题和发言展开，不会跑题；

（5）活动结束后，每个人都可记录下思维导图，不会马上忘记。

这正是思维导图在处理大量信息面前的好处，在讨论会上，可以吸引每个人积极地参与目前的讨论，而不是仅仅关心最后的结论。

利用思维导图这种形式可以全面加强事物之间的内在联系，强化人们的记忆、使信息井然有序，为己所用。

在处理复杂信息时，思维导图是你思维相互关系的外在"写照"，它能使你的大脑更清楚地"明确自我"，因而更能全面地提高思维技能，提高解决问题的效率。

第六节
怎样绘制思维导图

其实，绘制思维导图非常简单。思维导图就是一幅幅帮助你了解并掌握大脑工作原理的使用说明书。

思维导图就是借助文字将你的想法"画"出来，因为这样才更容易记忆。

绘制过程中，我们要用到颜色。因为思维导图在确定中央图像之后，有从中心发散出来的自然结构；它们都使用线条、符号、词汇和图像，遵循一套简单、基本、自然、易被大脑接受的规则。

颜色可以将一长串枯燥无味的信息变成丰富多彩的、便于记忆的、有高度组织性的图画，接近于大脑平时处理事物的方式。

"思维导图"绘制工具如下：

（1）一张白纸；

(2)彩色水笔和铅笔数支;

(3)你的大脑;

(4)你的想象!

这些就是最基本的工具,当然在绘制过程中,你还可以拥有更适合自己习惯的绘图工具,比如成套的软芯笔,色彩明亮的涂色笔或者钢笔。

东尼·博赞给我们提供了绘制思维导图的7个步骤,具体如下:

(1)从一张白纸的中心画图,周围留出足够的空白。从中心开始画图,可以使你的思维向各个方向自由发散,能更自由、更自然地表达你的思想。

(2)在白纸的中心用一幅图像或图画表达你的中心思想。因为一幅图画可以抵得上1000个词汇或者更多,图像不仅能刺激你的创意性思维,帮助你运用想象力,还能强化记忆。

(3)尽可能多地使用各种颜色。因为颜色和图像一样能让你的大脑兴奋。颜色能够给你的思维导图增添跳跃感和生命力,为你的创造性思维增添巨大的能量。此外,自由地使用颜色绘画本身也非常有趣!

(4)将中心图像和主要分支连接起来,然后把主要分支和二级分支连接起来,再把三级分支和二级分支连接起来,依此类推。

我们的大脑是通过联想来思维的。如果把分支连接起来,你会更容易地理解和记住许多东西。把主要分支连接起来,同时也创建了你思维的基本结构。

其实,这和自然界中大树的形状极为相似。树枝从主干生出,向四面八方发散。假如大树的主干和主要分支、或主要分支和更小的分支以及分支末梢之间有断裂,那么它就会出现问题!

(5)让思维导图的分支自然弯曲,不要画成一条直线。曲线永远是美的,你的大脑会对直线感到厌烦。美丽的曲线和分支,就像大树的枝杈一样更能吸引你的眼球。

(6)在每条线上使用一个关键词。所谓关键字,是表达核心意思的字或词,可以是名词或动词。关键字应该是具体的、有意义的,这样才有助于回忆。

单个的词语使思维导图更具有力量和灵活性。每个关键词就像大树的主要枝杈,然后繁殖出更多与它自己相关的、互相联系的一系列次级枝杈。

当你使用单个关键词时,每一个词都更加自由,因此也更有助于新想法的产生。而短语和句子却容易扼杀这种火花。

(7)自始至终使用图形。思维导图上的每一个图形,就像中心图形一样,可以胜过千言万语。所以,如果你在思维导图上画出了10个图形,那么就相当于记了数万字的笔记!

以上就是绘制思维导图的7个步骤,不过,这里还有几个技巧可供参考:

把纸张横放,使宽度变大。在纸的中心,画出能够代表你心目中主体形象的中心图像。再用水彩笔任意发挥你的思路。

先从图形中心开始画，标出一些向四周放射出来的粗线条。每一条线都代表你的主体思想，尽量使用不同的颜色区分。

在主要线条的每一个分支上，用大号字清楚地标上关键词，当你想到这个概念时，这些关键词立刻就会从大脑里跳出来。

运用你的想象力，不断改进你的思维导图。

在每一个关键词旁边，画一个能够代表它、解释它的图形。

用联想来扩展这幅思维导图。对于每一个关键词，每一个人都会想到更多的词。比如你写下"橙子"这个词时，你可以想到颜色、果汁、维生素C，等等。

根据你联想到的事物，从每一个关键词上发散出更多的连线。连线的数量根据你的想象可以有无数个。

第七节

教你绘制一幅自己的思维导图

思维导图就是一幅帮助你了解并掌握大脑工作原理的使用说明书，并借助文字将你的想法"画"出来，便于记忆。

大脑每天都在为我们工作，不仅能有效地制作思维导图，还能轻松地为我们解决各种问题。

在日常生活中，我们该如何维护、保养好我们的大脑呢？良好的生活方式对于保护大脑，维持大脑的正常运转，以及进行创

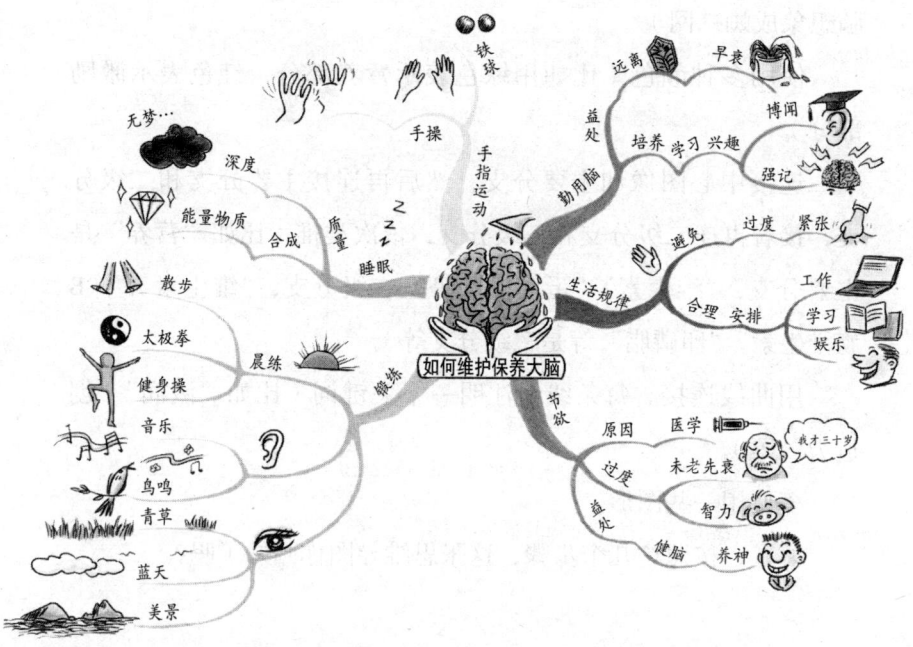

造性思维活动具有重要的意义。

简要来说,良好的生活方式包括:起居有时、饮食有节、生活规律、适当运动、保持积极乐观的心态、要戒烟限酒等。

现在,让我们来绘制一幅"如何维护保养大脑"的思维导图。

你可以试着按以下步骤进行:

准备一张白纸(最好横放),在白纸的中心画出你的这张思维导图的主题或关键字。主题可以用关键字和图像(比如在这张纸的中心可以画上你的大脑)来表示。

用一幅图像或图画表达你的中心思想(比如你可以把你的大

脑想象成蜘蛛网)。

　　使用多种颜色（比如用绿色表示营养部分,红色表示激励部分)。

　　连接中心图像和主要分支,然后再连接主要分支和二级分支,接着再连二级分支和三级分支,依次类推（比如"营养"是主要分支,"维生素""蛋白质"等是二级分支,"维生素A""B族维生素""卵磷脂"等是三级分支等)。

　　用曲线连接。每条线上注明一个关键词（比如"滋润""创造力"等)。

　　多使用一些图形。

　　好了,按照这几个步骤,这张思维导图你画好了吗？

第二章 超越思维极限，唤醒创造天才

你一学 NIYIXUE
就会的 JIUHUIDE
思维导图 SIWEIDAOTU

第一节

没有解决不了的问题，只有还未开启的智慧

工作中，我们总会碰到各种各样看似无法解决的问题。这些问题就像拦路虎，挡住了我们的去路，使我们战战兢兢，不敢前行一步。也许我们努力了，但还是无法成功，于是更多的人选择了放弃，并安慰自己：算了吧，这是一个解决不了的问题，我还是不要再浪费时间了吧。

但是，问题真的解决不了吗？情况似乎并不是这样的。

詹妮芙·帕克小姐是美国鼎鼎有名的女律师。她曾被自己的同行——老资格的律师马格雷先生愚弄过一次，但是，恰恰是这次愚弄使詹妮芙小姐名扬全美国。

事情是这样的：

一位名叫康妮的小姐被美国"全国汽车公司"制造的一辆卡

车撞倒，司机踩了刹车，卡车把康妮小姐卷入车下，导致康妮小姐被迫截去了四肢，骨盆也被碾碎。康妮小姐说不清楚是自己在冰上滑倒摔入车下，还是被卡车卷入车下。马格雷先生则巧妙地利用了各种证据，推翻了当时几名目击者的证词，康妮小姐因此败诉。

绝望的康妮小姐向詹妮芙·帕克小姐求援，詹妮芙通过调查掌握了该汽车公司的产品近5年来的15次车祸——原因完全相同，该汽车的制动系统有问题，急刹车时，车子后部会打转，把受害者卷入车底。

詹妮芙对马格雷说："卡车制动装置有问题，你隐瞒了它。我希望汽车公司拿出200万美元来给那位姑娘，否则，我们将会提出控告。"

老奸巨猾的马格雷回答道："好吧，不过，我明天要去伦敦，一个星期后回来，届时我们研究一下，做出适当安排。"

一个星期后，马格雷却没有露面。詹妮芙感到自己是上当了，但又不知道为什么上当，她的目光扫到了日历上——詹妮芙恍然大悟，诉讼时效已经到期了。

詹妮芙怒气冲冲地给马格雷打了电话，马格雷在电话中得意扬扬地放声大笑："小姐，诉讼时效今天过期了，谁也不能控告我了！希望你下一次变得聪明些！"詹妮芙几乎要被气疯了，她问秘书："准备好这份案卷要多少时间？"

秘书回答："需要三四个小时。现在是下午1点钟，即使我们用最快的速度草拟好文件，再找到一家律师事务所，由他们草拟出一份新文件，交到法院，那也来不及了。"

"时间！时间！该死的时间！"康妮小姐在屋中团团转，突然，一道灵光在她的脑海中闪现，"全国汽车公司"在美国各地都有分公司，为什么不把起诉地点往西移呢？隔一个时区就差一个小时啊！

位于太平洋上的夏威夷在西区，与纽约时差整整5个小时！对，就在夏威夷起诉！

詹妮芙赢得了至关重要的几个小时，她以雄辩的事实，催人泪下的语言，使陪审团的成员们大为感动。陪审团一致裁决：康妮小姐胜诉，"全国汽车公司"赔偿康妮小姐600万美元！

像这个故事一样，寻找解决问题的方法虽然不很容易，但方法总是有的，只要我们努力地思考。工作中的难题也是这样。所以在工作中，如果我们遇到了难题，就应该坚持这样的原则：努力找方法，而不是轻易放弃。

对于通过思索以寻找解决问题方法的重要性，许多杰出的企业家都深有体会。比尔·盖茨曾说："一个出色的员工，应该懂得：要想让客户再度选择你的商品，就应该去寻找一个让客户再度接受你的理由。任何产品遇到了你善于思索的大脑，都肯定能有办法让它和微软的视窗一样行销天下的。"

洛克菲勒也曾经一再地告诫他的职员："请你们不要忘了思索，就像不要忘了吃饭一样。"

只要努力去找，解决困难的方法总是有的，而这些方法一定会让你有所收益。

第二节

画出发掘你创造力的思维导图

由于思维导图能够最大限度地挖掘大脑中的创造潜力，目前有很多企业和个人都在创造和运用开启创造力的思维导图，取得的效果也非常惊人。

一个学习型公司的总裁说："作为一个头脑风暴的工具，思维导图让我们感觉到创造力一下子打开了，新点子层出不穷，真是思如泉涌，这种感觉以前从来没有过，真是太棒了。"

那好，从现在开始，就让我们也来创造开启创造之门的思维导图吧。

在画图之前，让我们先来做以下的测试，评判一下你的创造能力：

1. 在学校里，我喜欢试着对事情或问题做猜测，即使不一定都猜对也无所谓。

　　A. 完全符合　　B. 部分符合　　C. 完全不合

2. 我喜欢仔细观察我没有看过的东西，以了解详细的情形。

　　A. 完全符合　　B. 部分符合　　C. 完全不合

3. 我喜欢听变化多端和富有想象力的故事。

   A. 完全符合   B. 部分符合   C. 完全不合

4. 画图时我喜欢临摹别人的作品。

   A. 完全符合   B. 部分符合   C. 完全不合

5. 我喜欢利用旧报纸、旧日历及旧罐头等废物来做成各种好玩的东西

   A. 完全符合   B. 部分符合   C. 完全不合

6. 我喜欢幻想一些我想知道或想做的事。

   A. 完全符合   B. 部分符合   C. 完全不合

7. 如果事情不能一次完成,我会继续尝试,直到成功为止。

   A. 完全符合   B. 部分符合   C. 完全不合

8. 做功课时我喜欢参考各种不同的资料,以便得到多方面的了解。

   A. 完全符合   B. 部分符合   C. 完全不合

9. 我喜欢用相同的方法做事情,不喜欢去找其他新的方法。

   A. 完全符合   B. 部分符合   C. 完全不合

10. 我喜欢探究事情的真假。

    A. 完全符合   B. 部分符合   C. 完全不合

11. 我喜欢做许多新鲜的事。

    A. 完全符合   B. 部分符合   C. 完全不合

12. 我不喜欢交新朋友。

    A. 完全符合   B. 部分符合   C. 完全不合

13. 我喜欢想一些不会在我身上发生过的事情。

　　A. 完全符合　　B. 部分符合　　C. 完全不合

14. 我喜欢想象有一天能成为艺术家、音乐家或诗人。

　　A. 完全符合　　B. 部分符合　　C. 完全不合

15. 我会因为一些令人兴奋的念头而忘记了其他的事。

　　A. 完全符合　　B. 部分符合　　C. 完全不合

16. 我宁愿生活在太空站,也不喜欢住在地球上。

　　A. 完全符合　　B. 部分符合　　C. 完全不合

17. 我认为所有的问题都有固定的答案。

　　A. 完全符合　　B. 部分符合　　C. 完全不合

18. 我喜欢与众不同的事情。

　　A. 完全符合　　B. 部分符合　　C. 完全不合

19. 我常想要知道别人正在想什么。

　　A. 完全符合　　B. 部分符合　　C. 完全不合

20. 我喜欢故事或电视节目所描写的事。

　　A. 完全符合　　B. 部分符合　　C. 完全不合

21. 我喜欢和朋友一起,和他们分享我的想法。

　　A. 完全符合　　B. 部分符合　　C. 完全不合

22. 如果一本故事书的最后一页被撕掉了,我就自己编造一个故事,把结局补上去。

　　A. 完全符合　　B. 部分符合　　C. 完全不合

23. 我长大后,想做一些别人从没想过的事情。

A. 完全符合　　B. 部分符合　　C. 完全不合

24. 尝试新的游戏和活动，是一件有趣的事。

A. 完全符合　　B. 部分符合　　C. 完全不合

25. 我不喜欢太多的规则限制。

A. 完全符合　　B. 部分符合　　C. 完全不合

26. 我喜欢解决问题，即使没有正确的答案也没关系。

A. 完全符合　　B. 部分符合　　C. 完全不合

27. 有许多事情我都很想亲自去尝试。

A. 完全符合　　B. 部分符合　　C. 完全不合

28. 我喜欢唱没有人知道的新歌。

A. 完全符合　　B. 部分符合　　C. 完全不合

29. 我不喜欢在班上同学面前发表意见。

A. 完全符合　　B. 部分符合　　C. 完全不合

30. 当我读小说或看电视时，我喜欢把自己想成故事中的人物。

A. 完全符合　　B. 部分符合　　C. 完全不合

31. 我喜欢幻想200年前人类生活的情形。

A. 完全符合　　B. 部分符合　　C. 完全不合

32. 我常想自己编一首新歌。

A. 完全符合　　B. 部分符合　　C. 完全不合

33. 我喜欢翻箱倒柜，看看有些什么东西在里面。

A. 完全符合　　B. 部分符合　　C. 完全不合

34. 画图时，我很喜欢改变各种东西的颜色和形状。

　　A. 完全符合　　B. 部分符合　　C. 完全不合

35. 我不敢确定我对事情的看法都是对的。

　　A. 完全符合　　B. 部分符合　　C. 完全不合

36. 对于一件事情先猜猜看，然后再看是不是猜对了，这种方法很有趣。

　　A. 完全符合　　B. 部分符合　　C. 完全不合

37. 玩猜谜之类的游戏很有趣，因为我想要知道结果如何。

　　A. 完全符合　　B. 部分符合　　C. 完全不合

38. 我对机器有兴趣，也很想知道它里面是什么样子，以及它是怎样转动的。

　　A. 完全符合　　B. 部分符合　　C. 完全不合

39. 我喜欢可以拆开来玩的玩具。

　　A. 完全符合　　B. 部分符合　　C. 完全不合

40. 我喜欢想一些新点子，即使用不着也无所谓。

　　A. 完全符合　　B. 部分符合　　C. 完全不合

41. 一篇好的文章应该包含许多不同的意见或观点。

　　A. 完全符合　　B. 部分符合　　C. 完全不合

42. 为将来可能发生的问题找答案，是一件令人兴奋的事。

　　A. 完全符合　　B. 部分符合　　C. 完全不合

43. 我喜欢尝试新的事情，目的只是想知道会有什么结果。

　　A. 完全符合　　B. 部分符合　　C. 完全不合

44. 玩游戏时，我通常是有兴趣参加，而不在乎输赢。

　　A. 完全符合　　B. 部分符合　　C. 完全不合

45. 我喜欢想一些别人常常谈过的事情。

　　A. 完全符合　　B. 部分符合　　C. 完全不合

46. 当我看到一张陌生人的照片时，我喜欢去猜测他是怎么样一个人。

　　A. 完全符合　　B. 部分符合　　C. 完全不合

47. 我喜欢翻阅书籍及杂志，但只想知道它的内容是什么。

　　A. 完全符合　　B. 部分符合　　C. 完全不合

48. 我不喜欢探寻事情发生的各种原因。

　　A. 完全符合　　B. 部分符合　　C. 完全不合

49. 我喜欢问一些别人没有想到的问题。

　　A. 完全符合　　B. 部分符合　　C. 完全不合

50. 无论在家里或在学校，我总是喜欢做许多有趣的事。

　　A. 完全符合　　B. 部分符合　　C. 完全不合

　　该测验可以测试创造性的四种特征，即冒险性、好奇心、想象力、挑战性。记分的方法是"完全符合"记3分，"部分符合"记2分，"完全不合"记1分。

　　其中"冒险性"包括1、5、21、24、25、28、29、35、36、43、44等11题，满分33分；

　　"好奇心"包括2、8、11、12、19、27、33、34、37、38、39、47、48、49等14题，满分42分；

"想象力"包括6、13、14、16、20、22、23、30、31、32、40、45、46等13题，满分39分；

"挑战性"包括3、4、7、9、10、15、17、18、26、41、42、50等12题，满分36分。

在好奇性特征上得分高：表明受测者具有下列个性品质：富有追根究底的精神；主意多，乐于接触暧昧迷离的情境；肯深入思索事物的奥妙；能把握特殊的现象并观察其结果。在好奇性特征上得分低，表明受测者不具备上述特征，影响受测者创造力的发展。

在想象力特征上得分高：表明受测者具有下列特征：善于视觉化并建立心像；善于幻想尚未发生过的事情；可进行直觉地推测；能够超越感官及现实的界限。低分者缺乏想象力，因而创造性不高。

在挑战性特征上得分高：表明受测者具有下列特征：善于寻找各种可能性；能够了解事情的可能性及现实间的差距；能够从杂乱中理出秩序；愿意探究复杂的问题或主意。低分者在这方面表现出因循守旧的特点，因而缺乏创造性。

在冒险性特征上得分高：表明受测者具有下列特征：勇于面对失败或批评；敢于猜测；能在杂乱的情境下完成任务；勇于为自己的观点辩护。而低分者缺乏冒险性，因而创造性不足。

通过这个测试，想来你对自己的创造力已经有了一个比较准确的评估。接下来，你就可以根据自己的具体情况，画一张发掘

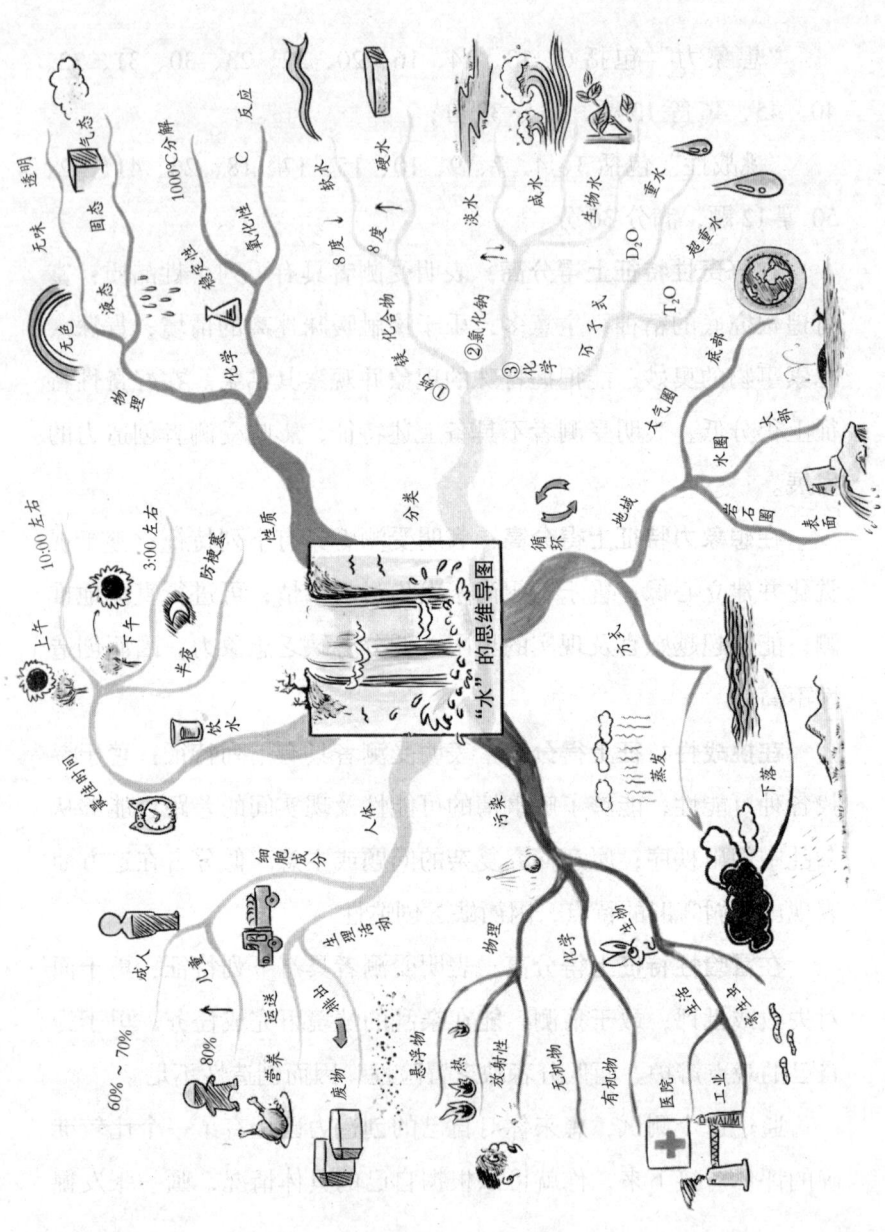

创造力的思维导图了。

为了用思维导图证实我们具有非凡的创造力，现在让我们做一个关于"水"的练习，并尝试自己绘制一幅简单的思维导图。

首先，我们在思维导图上画"水"的形象图。分别有5条或更多的分支将从思维导图的中心发散出去，并且每条分支的"末梢"又有三条小的分支。

接下来，运用你的想象力，给那些分支加上关键词和图形。那么，围绕"水"字就引发出5个主要想法，这样你第一次的创造成果就增加到了5个。

其次，你可以使用这5个新创造出来的想法，把它们中的每一个都另外扩展出三个新的想法，这样就又增加了三倍，或者说增加了300%。即，瞬间的工夫，你把你的一个想法扩展出15个新想法。

如果现在让你把最初扩展出来的15个关键词中的每一个再扩展5个呢？你当然可以！那将会创造出75个新想法。

如果接着扩展下去呢，又将会有375个新想法……

一直扩展下去，可以持续多久呢？

答案是永远！

这就是思维导图的神奇之处，同时也证明了我们每个人都有无限的创造力。因此，思维导图是发掘你无穷创造潜能的最好方法。

第三节

让大脑迸发创意的火花——灵感

生活中,也许你会遇到这样一种情况:一个难题难住了你,你也使用了吃奶的力气去寻找解决的办法,但是结果一点收获都没有。

你垂头丧气、疲惫不堪,就在决定放弃的时候。意想不到的事情出现了,呀,你猛地抬起头来,双眼圆睁,啊哈!你突然意识到,你已经撞到了解决问题的答案——灵感。

法国著名画家毕加索曾说:"艺术家是一个容器,他可以容纳来自四面八方的感情,可以是来自天上的,地下的,来自一张碎纸片,也可以是来自一闪即过的形象,或是来自一张蜘蛛网。"毕加索说的,就是创意的火花——灵感。

灵感指的是当人们研究某个问题的时候,并没有像通常那样运用逻辑推理,一步一步地由未知达到已知,而是一步到位,一眼看穿事物的本质。

神话传说中的灵感是缪斯女神对凡间诗人的赐予。如此说来,灵感似乎是神赐之物,它来自外部。或许某些发挥创造力的人在某些情况之下会认为自己的灵感的确是来自外部,但冷静地分析下来,大部分的情况并非如此。一个人灵感"来"的时候,会达到一种极度专注的境界，这可能是外在事物带来的一种刺激，但绝非拜神所赐。

著名的诗《忽必烈汗》是英国浪漫主义诗人柯勒律治从一次梦中得到的启示，醒来之后即刻写下来，直到一位访客到他家拜访，打断了他的思绪，这首诗后来就写不下去了。

现代英国诗人豪斯曼曾生动地描述他创作一首诗的灵感过程。他写作时习惯在住家附近的英国乡下散步，他说：在途中，这首诗的其中两段就来到我脑中，跟后来出版的一字不差。喝完下午茶之后，稍做努力，第三段也跟着来了。但还差一段，就是来不了，那一段我还得费事自己写呢。

著名作家赖声川的舞台剧《在那遥远的星球，一粒沙》的故事也是他做梦梦到的，半夜醒来，逼自己起床写下来。最后完成的剧本跟那天半夜的笔记相差甚少。

豪斯曼说那些词句"就来到我脑中"到底是什么意思？从哪里来？赖声川说《在那遥远的星球，一粒沙》的故事是"做梦梦到的"，那故事又是从哪里来的？难道空气中某处真的存在一间大仓库，里面装满故事、诗、音乐、画、各种发明和创意点子供创意人取用？谁能走进这间仓库？去哪里办通行证？还是真的有"缪斯"，我们可以培养她们，随时请求她们从空气中传递创意构想和执行方法给我们？

其实灵感的产生没有那么玄。灵感的产生与我们的内在需求相呼应。针对创意题目，灵感提供可行的答案和方向。

以豪斯曼及赖声川为例,这是很明确的。以柯勒律治为例,我们无法确定他是否一直想写一个异国情调的浪漫诗,或者是否一直对蒙古帝国感兴趣,但灵感在他身上产生的时候,并不是以无法辨认的密码形式出现的,它是可理解的,并且应当是针对他意识中或潜意识中所关心的题目而来的。

换句话说,当你苦思一个创意题目时,来的灵感是针对这个题目的。万一是另一个题目的答案来到心中,这题目必定也是在自己意识或潜意识中浮现过的。

灵感的逻辑很难捉摸。当灵感来的时候,它可能出现的面貌好比说是"A",但它带来的联想未必是"B",很可能是"C",而从"C"未必顺理成章到达"D",可能直接跳到结论"Z"。

所以说,当我们看到"A"突然联想到"Z",不了解整体情况的人会觉得毫无道理,所以看不懂,认定是神秘而不可分析的。但跳跃的逻辑也是一种逻辑,道理自然存在于它发生的过程中。

为什么在某一时刻,思考者会对某样东西或某件事物产生一种新的视角,看到新的可能性,知道如何组合、清楚地排列到心中?虽然灵感的发生充满神秘色彩,但不管多么随机、庞大、复杂,灵感发生的方式确实有其脉络可循。

这些用途都可以在思维导图中很好地表示出来。

不知你尝试过每个月至少读一本自己并不感兴趣的书没有?你只有在阅读过程中受到新的影响,才能得到新的想法。

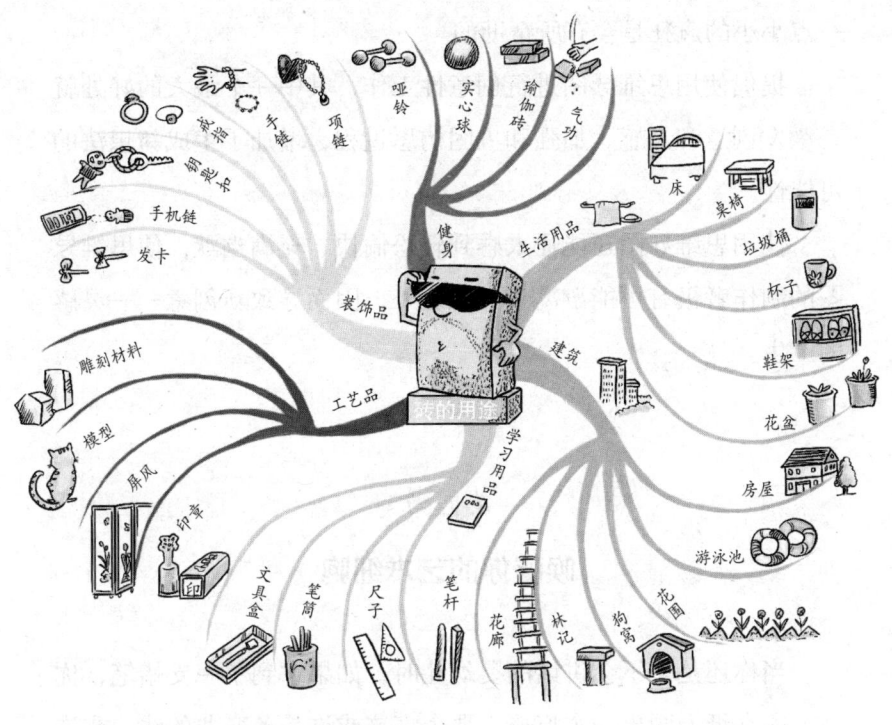

爱因斯坦曾说过:"我日复一日、年复一年地不断思考,99次的结论都是错误的,但第100次我是正确的。"很多灵感在刚产生的时候就被扼杀了,没经过任何考验,因此,它们仅仅是灵感而已。

还有很多灵感在实现过程中由于种种原因失败了——每次当你想出一个新创意时,你一定能听见很多关于失败的例子。

如果你想有所收获,你必须敢于尝试新事物。要想成功,你必须敢于面对失败。事实上,如果你想让你的灵感得到生长,来一点小小的疯狂是会有所帮助的。

提倡使用思维导图进行创意性工作,其中一个最大的好处就是激发创意和灵感,加强和巩固构思过程,增加了生成新想法的可能性。

使用思维导图还能让人感到轻松愉快、充满幽默,使思维导图的制作者极有可能游离于常识之外,因而导致新创意——灵感的产生。

第四节

唤醒你的艺术细胞

当你还是个不会讲话的婴幼儿时,如果拿到了一支蜡笔,你马上能在纸上画出一个痕迹。那个痕迹或许是条弯曲的线,或许是个不圆的圆。

等你再长大一些的时候,你的画中开始出现肖像,你往往用圆圈代表眼睛或者嘴巴。渐渐的,随着你的成长,你的画也越来越复杂。

比如,你的画上开始出现长长的胳膊、长长的腿,你会把眼睛画得又大又圆,你还会给衣服画上漂亮的扣子。再后来,你开始用图画向别人讲自己的故事,比如,你会画一张全家福,一家人很开心地手拉着手。

每个人天生就是艺术家。只是你没有发现这种与生俱来的艺术天赋罢了。然而一旦将它激活，你就会成为一个善于创造，有胆量，自我表现力很强的人。你的朋友们会觉得你很有趣，因为你总是能带给大家惊喜。

人的大脑拥有无穷无尽的创造力，而帮助你唤醒这种能力的不是别的就是绘画！在绘画的过程中你还将学会用不同的方法看事物和解决问题，并使用这种特殊的语言来表达自己！

对于艺术来说，想象力是不可缺少的因素之一。

正像亚里士多德所说的那样，如果要想从事创作工作，就必须有想象的才能。更重要的一点是，我们从事某项艺术所取得的创作成果取决于所使用的方法，比如，当我们在听音乐的时候，只需处于一种非常有利于想象的环境之中。

我们习惯了从左向右的阅读顺序，习惯了从上到下地打量事物，所以，当原本熟悉的东西忽然颠倒着出现在你面前时，你几乎认不出它。这是因为熟悉的事物颠倒过来就会看起来不一样。我们会自动为感知到的事物指定上、下和两边，并且期望看到事物像平常那样，即朝正确的方向放置。因为当事物朝正确方向放置时我们能够认出它，说出它们的名字，并把它们归类到与我们存储的记忆和概念相符合的类别中去。

下面我们来进行一项练习——颠倒着作画。

请你选择眼前的任何一幅人物画作为参考，并把它颠倒过来。然后拿起你手中的笔进行作画。

你将需要：

（1）任意一幅人物画作；

（2）已经削好的 2B 铅笔；

（3）画板和遮蔽胶布；

（4）四分钟到一个小时不受打扰的时间。

不过，在作画过程中，你可以放些喜欢的音乐。但当你逐渐转换到右脑模式，会发现音乐渐渐消失了。坐着完成这幅画，至少给你自己四分钟的时间——有可能的话越多越好。最重要的是，在你完成之前绝对不要把画倒过来改。把画倒过来将会使你回到左脑模式，这是我们在学习体验集中的右脑模式状态时需要避免的。

你可以从任何一个部位着笔——底部、任何一边或顶部。大多数人趋向于从顶部开始。尝试不去弄清楚你看到的颠倒的图像是什么，不知道更好。仅仅复制那些线条就可以了。在这里还是要提醒你：别把图画放回原来的模样！

你最好先别尝试画形状的大概轮廓，然后把各个部分"填进去"。因为如果你画的轮廓有任何细小的差错，里面的部分将会放不进去。

绘画的其中一个巨大乐趣是发现各个部分如何相互适应。所以，你可以尝试从一个线条画到相邻的线条、从一个空间画到相邻的空间，兢兢业业地完成自己的作品，在作画的过程中把各个部分组合起来。

如果你习惯自言自语，请只使用视觉语言，如"这条线是这样弯的"，或"这个形状在那是弯曲的"，或"与（垂直的或水平的）纸边相比，这个角度应该这样"等。你千万不能说出各个部分的名称。

当遇到把名称硬塞给你的部分时，试着把注意力集中在这些部分的形状上。你也可以用手或手指遮住其他部分，除了你正在画的线条，然后露出下一条线。以此类推，再转到下一个部分。

为了画好你眼前的这幅画，记住你需要知道的每件事。为了让你觉得简单，所有的信息就在那。别把这个任务复杂化了。它真的是易如反掌的一件事。

好了，说了这么多，现在开始画吧。

完成作画之后，你会发现有悖于常识的是倒着画的作品比正着画的作品好得多！

瞧！你也能作画，并且画得很好，不是吗？所以现在开始不要再对任何人说"我不会画画"或"我没有学过美术"之类的话了，因为艺术家有时就像个孩子，就像曾经的你，可以比任何人都更富有创造力，比任何人都更富有分析力。

我们还可以通过唱歌、做玩具、用碎布拼画等活动来唤醒自己的艺术细胞，也许有一天，你会听到他人的称赞："嗨，你挺有艺术灵感的！"

第五节

只要有创新，垃圾也能变黄金

垃圾处理一直是一件让世人关注的事情。如果处理不好便会引起各种各样的环境问题。那么，能不能将垃圾合理利用，变废为宝呢？

也许很少有人会认真思考这个问题，但麦考尔想到了，而且借此扬了名。

1974年，美国政府为清理那些给自由女神像翻新扔下的废料，向社会广泛招标。但好几个月过去了，没人应标。

正在法国旅行的麦考尔听说后，立即飞往纽约，看过自由女神像下堆积如山的铜块、螺丝和木料后，未提任何条件，立即就签了字。

当时不少人对他的这一举动暗自发笑。因为在纽约州垃圾处理有严格的规定，弄不好会受到环保组织的起诉。

就在一些人等着看他的笑话时，他开始组织工人对废料进行分类。他让人把废铜熔化，铸成小自由女神像；再把木头加工成木座；废铅、废铝做成纽约广场的钥匙。最后他甚至把从自由女神像身上扫下的灰尘都包装起来，出售给花店。

不到3个月时间，他让这堆废料变成了350万美元，每磅铜的价格整整翻了1万倍。

本来是一堆让政府颇感头痛的垃圾，在创新人士的眼中却可以衍化为各种各样的资源，善加分类，稍加创意，便可以从"垃圾"中挖掘出财富。

无独有偶，我国也有一个小伙子利用"垃圾"致了富。

刘亮是一个由湖南去广东打工的小伙子。

有一次，刘亮跟老板到云南采购大理石，看见大理石厂的垃圾堆了一地，主要都是一些不成材的大理石边角料。

那个带领他们看货的大理石老板边走边对他们说：

"你们看见那些废料了吗？占了很多地方，我看见就心烦，可是没人要，只好堆在那里成了垃圾。"

刘亮当时并没在意，回到广州后，他看到广州读书人镇纸用的石条，灵感便冒了出来。

他果断地辞掉了工作，买来机器，到云南与大理石厂老板签订了包清垃圾石料的合约。

之后，刘亮开始创业办厂了，专门生产大理石镇纸以及大理石地脚线等。

刘亮将平凡无奇的"大理石垃圾"加工成型后，还在每件镇纸上刻上各色生肖或名言警句，产品居然供不应求，工厂也一再招工扩产。

小伙子用自己的创意为本是垃圾的石块赋予了生命，使其成为致富的工具。

一位学者曾说过,世上本没有垃圾,只有放错了地方的资源。一件事情的好坏优势,关键在于你以什么样的视角来看待它。从正面看,这是一堆垃圾,那么不妨将思维转个弯,从侧面或从反面来思考,那些原本被定义为废品的东西,就会变成创造财富的宝贝。

第六节

机器不转动,工厂也能赚钱

据参观丰田工厂的人说,丰田工厂和其他工厂一样,机器一行一行地排列着。但有的在运转,有的都没有启动,很显眼。

于是有的参观者疑惑不解:"丰田公司让机器这样停着也赚钱?"

不错,机器停着也能赚钱!这是由于丰田汽车公司创造了这样的工作方法:必须做的工作要在必要的时间去做,以避免生产过量的浪费,避免库存的浪费。

原来,不当的生产方式会造成各种各样的浪费,而浪费又是涉及提高效能增加利润的大事。

丰田公司对浪费做了严格区分,将浪费现象分为以下7种:

(1)生产过量的浪费;

(2)窝工造成的浪费;

(3)搬运上的浪费;

（4）加工本身的浪费；

（5）库存的浪费；

（6）操作上的浪费；

（7）制成次品的浪费。

丰田公司又是怎样避免和杜绝库存浪费的呢？许多企业的管理人员都认为，库存比以前减少一半左右就无法再减了，但丰田公司就是要将库存率降为零。为了达到这一目的，丰田公司采用了一种"防范体系"。

就以作业的再分配来说，几个人为一组干活，一定会存在有人"等活"之类的窝工现象存在。所以，有人就认为，对作业进行再分配，减少人员以杜绝浪费并不难。

但实际情况并非完全如此，多数浪费是隐藏着的，尤其是丰田人称之为"最凶恶敌人"的生产过量的浪费。丰田人意识到，在推进提高效率缩短工时以及降低库存的活动中，关键在于设法消灭这种过量生产的浪费。

为了消除这种浪费，丰田公司采取了很多措施。以自动化设备为例，该工序的"标准手头存活量"规定是5件，如果现在手头只剩3件，那么，前一道工序便自动开始加工，加到5件为止。

到了规定的5件，前一道工序便依次停止生产，制止超出需求量的加工。后一道工序的标准手头存活量是4件，如减少1件，前一道工序便开始加工，送到后一道工序。后一道工序一旦达到规定的数量，前一工序便停止加工。

像这样，为了使各道工序经常保持标准手头存活量，各道工序在联动状态下开动设备。这种体系就叫作"防范体系"。在必要的时刻，一件一件地生产所需要的东西，就可以避免生产过量的浪费。

在丰田生产方式中，不使用"运转率"一词，全部使用"开动率"，而"开动率"和"可动率"又是严格区分的。所谓开动率就是，在一天的规定作业时间内（假设为8小时），有几小时使用机器制造产品的比率。假设有台机器只使用4小时，那么这台机器的开动率就是50%。开动率这个名词是表示为了干活而转动的意思，倘若机器单是处于转动状态即空转，即使整天开动，开动率也是零。

"可动率"是指在想要开动机器和设备时，机器能按时正常转动的比率。最理想的可动率是保持在100%。为此，必须按期进行保养维修，事先排除故障。由于汽车的产量因每月销售情况不同而有所变动，开动率当然也会随之而发生变化。如果销售情况不佳，开动率就下降；反之，如果订货很多，就要长时间加班或倒班，有时开动率为100%，有时甚至会达120%或130%。丰田完全按照订货来调配机器的"开动率"，将过量生产的浪费情况减少到最低，才出现了即使机器不转动也能赚钱的局面。

讲到这里，不得不提戴尔公司的"零库存管理模式"，它与丰田的"防范体系"颇有异曲同工之妙。

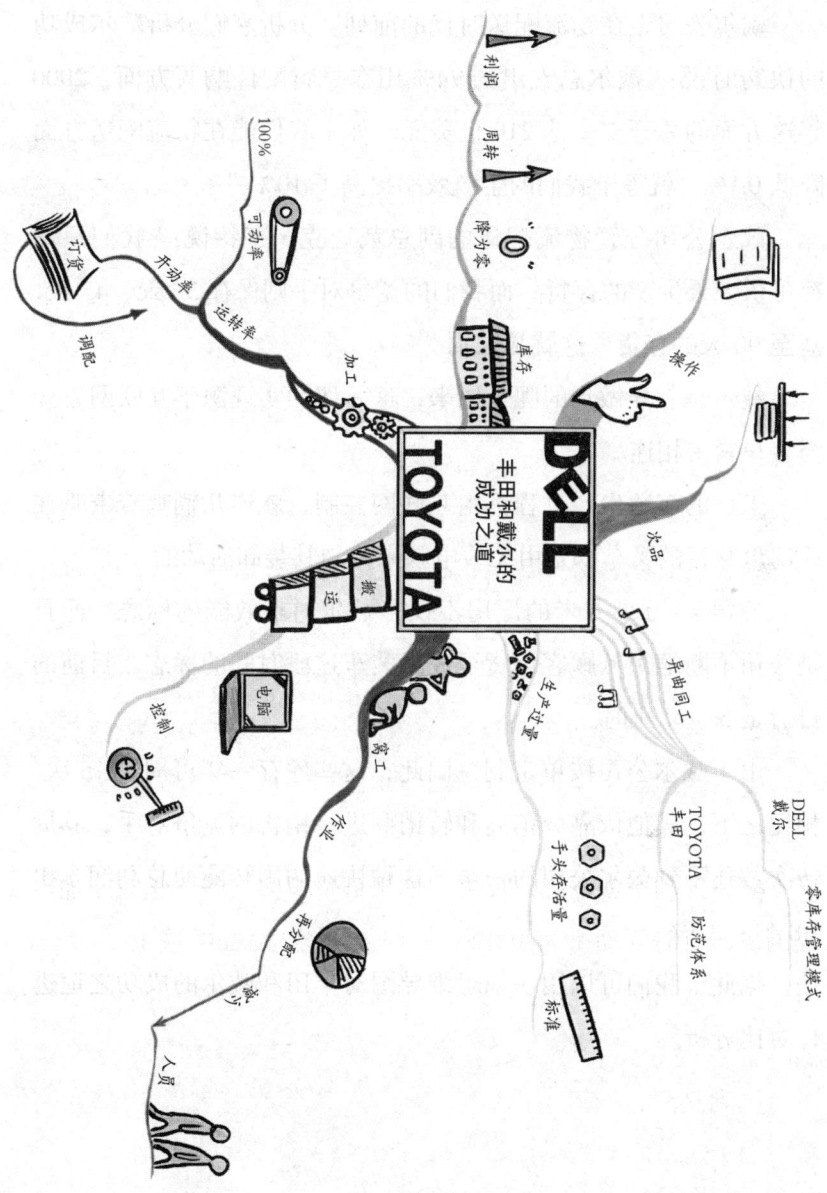

戴尔公司走在物流配送时代的前列。分析家们分析戴尔成功的诀窍时说："戴尔总支出的74%用在材料配件购买方面，2000年这方面的总开支高达210亿美元。如果我们能在物流配送方面降低0.1%，就等于我们的生产效率提高了10%。"

戴尔公司分管物流配送的副总裁迪克·亨特说："我们只保存可供5天生产的存货，而我们的竞争对手则保存30天、45天，甚至90天的存货。这就是区别。"

戴尔是怎样做到的呢？原来，这一切的实现源于互联网生产与客户紧密相连。

工厂的多数生产过程都由互联网控制，就连几辆鸣着喇叭在厂房里穿行的叉车都是由无线电脑来控制其装卸活动的。

公司30万平方米的厂房不仅是戴尔追求效能的标志，而且是公司不断缩短从顾客订货至成品装车这段时间的标志。目前的目标是5～7小时。

由于戴尔公司按单定制，因此，这些库存一年可周转15次。相比之下，其他依靠分销商和转销商进行销售的竞争对手，其周转次数还不到戴尔公司的一半，这种快速的周转能使总利润多出1.8%～3.3%。

据此，我们可以用一幅思维导图对丰田和戴尔的成功之道进行对比分析。

第七节

创新中的"多一盎司"定律

著名投资专家约翰·坦普尔顿通过大量的观察研究，得出了一条很重要的原理："多一盎司定律。"盎司是英美重量单位，一盎司相当于1/16磅，在这里以一盎司表示一点微不足道的重量。所谓"多一盎司定律"，意即只要比正常多付出一丁点儿就会获得超常的成果。

坦普尔顿指出，取得中等成就的人与取得突出成就的人几乎做了同样多的工作，他们所做出的努力差别很小——只是"多一盎司"。但其结果，所取得的成就及成就的实质内容方面，却经常有天壤之别。

创新的道路上，也遵循着"多一盎司"定律。想得比别人深入一点点，就有可能在创新之路上比别人快许多步。我们所熟知的发明创造故事，许许多多都是因为多付出了一点点，多思考了一步，才和许多具有重大意义的"发现"相遇的。

伦琴发现X射线就是一例。很多人都知道，伦琴博士是X射线的发现者。X射线的发现是"诊断史上的一个最大的里程碑"。运用X射线造出的X光透视器可以透视人体的内脏和骨骼，能够使医生准确地发现病人的病因，从而挽救千千万万人的生命。

其实在他之前,有很多人已经摸索到了 X 射线的门槛,只不过由于他们都没有踏进去,以致和这项伟大的发现擦肩而过。

1804 年,汤姆生在测量阴极射线的速度时首先观察到了 X 射线,但他当时没有专门研究这一现象,只在论文中提了一笔,说看到了放电管几英尺远处的玻璃管上发出了荧光(19 世纪末,阴极射线研究是物理学的热门课题,许多物理实验室都致力于这方面的研究)。

1880 年,哥尔茨坦在研究阴极射线时,也注意到阴极射线管壁上发出一种特殊的辐射,使得管内的荧光屏发光。但是他没有想到要进一步追查根源,于是错过了发现 X 射线的机会。

1887 年,早于伦琴发现 X 射线的 8 年,克鲁克斯也曾发现过类似现象。他把变黑的底片退还厂家,认为是底片本身有问题。

而在 1890 年,美国宾夕法尼亚大学的古茨彼德也有过同样的遭遇,他甚至还拍摄到了物体的 X 光照片,但后来,他随手把底片扔到了废片堆里。5 年后,得知伦琴宣布发现 X 射线,古茨波德才想起这件事,重新加以研究。

其实,在伦琴博士发现 X 射线以前,许多人都知道照相底片不要存放在阴极射线装置旁边,否则有可能变黑。

例如,英国牛津有一位物理学家叫史密斯,他发现保存在盒中的底片变黑了,而这个盒子就搁在克鲁克斯型放电管附近,但他只是提醒助手以后把底片放到别处保存,没有认真追究原因……这些科学家虽然都观察到了 X 射线,但他们在各自的科学路途中没有继续走下去，以致和"X射线发现者"这个称号失之交臂。

如果汤姆生当初多走几步，X射线的发现或许可以提前近一个世纪！如果触及这个领域的科研工作者能够思考得再深入一层，或许这项改变人类疾病历史的发现就轮不到伦琴了。

其实，创新的机会离我们并不遥远，我们只需做一个有心人，遇到问题多想一点，再深入一步，有时只需在生活、工作中"多加一盎司"，结果可能就大不一样。

怎样才能使洗衣机洗后的衣服上不沾上小棉团之类的东西？这曾经是一个令科技人员大感棘手的难题。他们提出过一些有效的办法，但大都比较复杂，需要增添不少设备。

而增添设备就要既增加洗衣机的体积和使用的复杂程度，又要提高洗衣洗机的成本和价格，令人感到为解决这么一个问题，未免得不偿失。

可是家庭主妇却总为这一问题大伤脑筋。日本有一位名叫笕绍喜美贺的家庭妇女也碰到了同样的情况，能不能自己想个办法解决呢？有一天，她突然想起幼年时在农村山冈上捕捉蜻蜓的情景，联想到洗衣机，小网可以网住蜻蜓，那洗衣机中放一个小网不是也可以网住小棉团一类的杂物吗？许多正规的科技人员都认为这样的想法太缺乏科学头脑了，未免把科技上的问题想得太简单。而笕绍喜美贺却没管这些，她用了三年时间不断研究试验，终于获得了满意的效果。

一个小小的网兜构造简单，使用方便，成本低廉，完全符合实用发明的一切条件，投入市场后大受欢迎。

很快，世界上很多洗衣机厂商都采用了这一最简单却又最实用的发明。笕绍喜美贺发明的这种洗衣机小网兜，专利期限为15年，仅在日本她就获得了高达1亿5千万日元的专利费。

世事总是这样奇妙，往往与一项发明或发现已经离得很近，却又失之交臂。其实，这只能怨自己没有"再深入一步"。"一盎司"虽少，但有无这一盎司却对我们的生活和工作影响巨大。思考多加"一盎司"，激情多加"一盎司"，主动多加"一盎司"，创造多加"一盎司"，你就会发现你的收获不只是多加了"一盎司"。

第八节

从"尽职尽责"到"尽善尽美"

美国总统麦金莱在得州的一所学校演讲时，对学生们说："比其他事情更重要的是，你们需要尽最大努力把一件事情做得尽可能完美。"

美国作家威廉·埃拉里·钱宁说："劳动可以促进人们思考。一个人不管从事哪种职业，他都应该尽心尽责，尽自己的最大努力求得不断的进步。如此下去，追求完美的念头才会在我们的头脑中根深蒂固。"

曾经有一位推销员看到这样一句话:"只有尽心尽责,才能够尽善尽美。"开始,他有些怀疑,后来,为了验证这一句话,他细细反省自己的工作方法和态度,结果发现自己错过了许多可以与顾客成交的机会。

后来,他分析原因,认为自己在工作中的确没有做到尽职尽责。在工作之前准备不充分,没有想好最佳的应付方法。于是,他制订了严格的工作计划,并付诸工作实践当中。

几个月后,他回顾了一下自己的工作,突然发现自己的工作业绩已经增长了几倍。数年后,他拥有了自己的公司,开始在更广阔的天地里施展自己的才华。

在实际工作中,很多人都认为自己的工作已经做得很好了。但是,你真的已经发挥了自己最大的潜能、寻找到最简捷有效的方法,从而把事情做得尽善尽美了吗?

有些人认为"尽职尽责"就好,而有些人却追求"尽善尽美"。也许你会问:"尽职尽责"与"尽善尽美"有什么区别吗?当然有。

它们之间的区别就像前文所讲的"100%"与"120%"的区别,尽善尽美需要在"尽职尽责"之中再加入你的创造力与热情,加入你的信念与才能。

"尽善尽美"是一种心理的追求,这种心理会体现在你的工作表现中,可以有效地改善你的工作状况;"尽善尽美"更是一种工作态度，它的有无直接影响你的用心程度、创造力的发挥，以及最后得到的结果。

有一则故事，故事中的出租车司机是个平凡的人，做的是平凡的工作，但一颗追求"尽善尽美"的心使他在工作中加入了许多创造性元素，同时也使他超越了平凡，走向了卓越。

在美国某个城市，有一位先生搭了一部出租车要到某个目的地。这位乘客上了车，发现这辆车不只是外观光鲜亮丽而已，司机先生服装整齐，车内的布置亦很典雅。车子一发动，司机很热心地问车内的温度是否适合，又问他要不要听音乐或是收音机。

车上还有早报及当期的杂志，前面是一个小冰箱，冰箱中的果汁及可乐如果有需要，也可以自行取用，如果想喝热咖啡，保温瓶内有热咖啡。这些特殊的服务，让这位上班族大吃一惊，他不禁望了一下这位司机，司机先生愉悦的表情就像车窗外和煦的阳光。

不一会儿，司机先生对乘客说："前面路段可能会塞车，这个时候高速公路反而不会塞车，我们走高速公路好吗？"

在乘客同意后，这位司机又体贴地说："我是一个无所不聊的人，如果您想聊天，除了政治及宗教外，我什么都可以聊。如果您想休息或看风景，那我就会静静地开车，不打扰您了。"

从一上车到此刻，这位常搭出租车的乘客就充满了惊奇，他不禁问这位司机："你是从什么时候开始这种服务方式的？"

这位专业的司机说:"从我觉醒的那一刻开始。"司机继续说他那段觉醒的过程。他一如往常,不停地抱怨工作辛苦,人生没有意义。但在不经意间,他听到广播节目里正在谈一些人生的态度,大意是你相信什么,就会得到什么。如果你觉得日子不顺心,那么所有发生的事都会让你觉得倒霉;相反地,如果今天你觉得是幸运的一天,那么今天每次所碰到的人,都可能是你的贵人。就从那一刻开始,他开始了一种新的生活方式。

目的地到了,司机下了车,绕到后面帮乘客开车门,并递上名片,说了声:"希望下次有机会再为您服务。"

结果,这位出租车司机的生意没有受到经济不景气的影响,他很少会空车在这个城市里兜转,他的客人总是会事先预定好他的车。他的改变,不只是创造了更好的收入,而且更从工作中得到了自尊。

无数成功的经验告诉我们:世界上没有做不成的事,只有做不成事的人。作为一名优秀员工,凡是别人已经做到的事,我们即使面临的困难再大,也一定要做得更好;凡是别人认为做不到的事,我们即使遇到挫折,也要继续拼搏直至取得成功;凡是别人还没有想到的事,我们不仅应该想到,而且一定要敢为人先,迅速行动。

总之,我们一定要用上所有的智慧和创意,将工作做到尽善尽美。

第九节

2%的改进成就100%的完美

如果你问普通员工与优秀员工有何区别?

我们会告诉你:普通员工满足于"尚可"的状态,而优秀员工会用尽一切办法以求达到"完美"。

其实,平凡和卓越只有一线之隔。在平凡中日复一日,做一天和尚撞一天钟,是为平凡;在平凡中勇于开拓,不断创新,即为卓越。

海尔集团的员工魏小娥用实际行动向我们阐释了"卓越"的含义。

为了发展海尔整体卫浴设施的生产,1997年8月,33岁的魏小娥被派往日本,学习掌握世界上最先进的整体卫浴生产技术。在学习期间,魏小娥注意到,日本人试模期废品率一般都在30%~60%,设备调试正常后,废品率为2%。

"为什么不把合格率提高到100%?"魏小娥问日本的技术人员。"100%你觉得可能吗?"日本人反问。

从对话中,魏小娥意识到,不是日本人能力不行,而是思想上的桎梏使他们停滞于2%。作为一个海尔人,魏小娥的标准是100%,即"要么不干,要干就要争第一"。她拼命地利用每一分每一秒的学习时间，3周后，带着先进的技术知识和赶超日本人的信念回到了海尔。

时隔半年，日本模具专家宫川先生来华访问，见到了"徒弟"魏小娥，她此时已是卫浴分厂的厂长。面对一尘不染的生产现场、操作熟练的员工和100%合格的产品，他惊呆了，反过来向徒弟请教问题。

"有几个问题曾使我绞尽脑汁地想办法解决，但最终没有成功。日本卫浴产品的现场脏乱不堪，我们一直想做得更好一些，但难度太大了。你们是怎样做到现场清洁的？100%的合格率是我们连想都不敢想的，对我们来说，2%的废品率、5%的不良品率天经地义，你们又是怎样提高产品合格率的呢？"

"用心。"魏小娥简单的回答又让宫川先生大吃一惊。用心，看似简单，其实不简单。

一天，下班回家已经很晚了，吃着饭的魏小娥仍然在想着怎样解决"毛边"的问题。突然，她眼睛一亮：女儿正在用卷笔刀削铅笔，铅笔的粉末都落在一个小盒内。魏小娥豁然开朗，顾不上吃饭，在灯下画起了图纸。

第二天，一个专门收集毛边的"废料盒"诞生了，压出板材后清理下来的毛边直接落入盒内，避免了落在工作现场或原料上，这就有效地解决了板材的黑点问题。

魏小娥紧绷的质量之弦并未因此而放松。试模前的一天，魏小娥在原料中发现了一根头发。这无疑是操作工在工作时无意间落入的。一根头发丝就是废品的定时炸弹，万一混进原料中就会出现废品。

魏小娥马上给操作工统一制作了白衣、白帽，并要求大家统一剪短发。又一个可能出现2%废品的原因被消灭在萌芽之中。

2%的改进得到了100%的完美，2%的可能被一一杜绝。终于，100%，这个被日本人认为是"不可能"的产品合格率，魏小娥做到了，不管是在试模期间，还是设备调试正常后。

魏小娥的"用心"体现在对2%的改进上，而2%的改进又进一步成就了100%的完美。魏小娥作为卓越员工的代表，再一次向我们证明：只要用心，只要能够创新，没有什么问题是不可以解决的，没有什么目标是不可以达到的。

"完美"并不是遥远的神话，是可以真真切切地做到的，这个过程又是异常艰辛的，它需要我们激活全身的能量，开启聪明才智，转换思维模式，及时将"创新因子"注入其中。

第十节

好创意使危机变商机

对于常常无所不在的问题，究竟是令人讨厌的危机，还是一种蕴含希望的契机呢？

一般情况下，很多人都会不假思索地回答是前者，但那些优

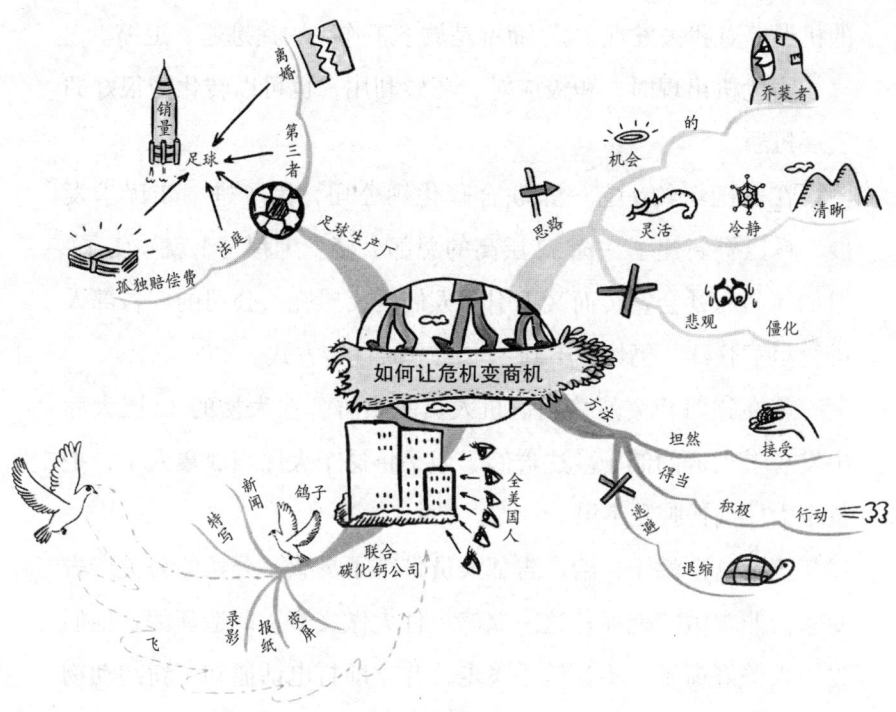

秀的员工却有不同的答案。

危机可以转变为商机,这是所有优秀员工最基本的观念。每当他们面对问题时,总会这样想:"这里面藏有什么样的机会呢?"

在优秀员工的眼中,问题永远不是"无法完成任务"的预言家,而是"机会"的乔装者。无论所面对的问题难度有多大,优秀人士所做的,首先是坦然地接受"问题",然后对这个问题做出冷静、清晰的分析,积极行动,让隐藏在问题背后的机会浮出水面。因此,每当问题到来,他们总会说:"感谢上帝!又有巨大的机遇等着我去发现了。"而不是放下工作，中途逃避、退缩。

当危机出现时，积极应对、巧妙利用，也可以转化为很好的发展机遇。

在美国纽约，有一家联合碳化钙公司，为了进一步谋求发展，斥巨资新建了一栋52层高的总部大楼。工程马上就竣工了，但如何面向社会宣传而又不引起人们的反感呢？公司的广告部人员绞尽了脑汁，仍然找不到一个满意的宣传方式。

就在这时，突然接到值班人员的报告，在大楼的32层大厅中发现了大群的鸽子。这群鸽子似乎将这个大厅当成巢穴了，把整个大厅搞得脏乱不堪。

正是这群鸽子，给广告部人员带来了灵感，公司的公关广告专家们非常敏感地抓住这一偶然事件大做文章，制造新闻。他们先派人关好窗子，不让鸽子飞走，并立即打电话通知了纽约动物保护委员会，请他们立即派人妥善处理好这些鸽子。

可想而知，历来以注重动物保护而自誉的美国人会怎么样。

动物保护委员会的人闻讯后立即赶来了，他们兴师动众的大举动马上惊动了纽约的新闻界，各大媒体竞相出动了大批记者前来采访。

三天之内，从捉住第一只鸽子直到最后一只鸽子落网，新闻、特写、电视录影等，连续不断地出现在报纸和荧屏上。这期间，出现了大量有关鸽子的新闻评论、现场采访、人物专访。而整个报道的背景就是这个即将竣工的总部大楼。

此时，公司的首脑人物更是抓住这千载难逢的机会频频出场亮相，乘机宣传自己和公司。一时间，"鸽子事件"成了酷爱动物的纽约人乃至全美国人关注的焦点。

随着鸽子被一只只放飞，这家碳化钙公司的摩天大楼以极快的速度闻名遐迩了，但是，这家碳化钙公司却连一分钱的广告费都没花。

无独有偶，英国一家足球生产厂接到了一份"莫名其妙"的控诉，因此而面临一场不大不小的危机。

一天，在英国麦克斯亚洲的法庭上，一位中年妇女声泪俱下，面对法官，严词指责丈夫有了外遇，要求和丈夫离婚。她对法官控诉了自己的丈夫，指责他不论白天还是黑夜，都要去运动场与那个"第三者"见面。

法官问这位中年妇女："你丈夫的'第三者'是谁？"她大声地回答："'第三者'就是臭名远扬、家喻户晓的足球。"

面对这种情况，法官啼笑皆非，不知如何是好，只得劝这位中年妇女说："足球不是人，你要告也只能去控告生产足球的厂家。"不料，这位中年妇女果真向法院控告了一年可生产20万只足球的足球厂。

更让人意想不到的却是这家被人控告到法庭上的足球厂，他们在接到法院的传票后，不怒反喜，竟爽快地出庭，并主动提出愿意出资10万英镑作为这位中年妇女的孤独赔偿费。这位太太喜出望外、破涕为笑，在法庭上大获全胜。

大家知道，英国是现代足球的发祥地，其国人对足球的酷爱几乎达到了发狂的地步，这场因足球而引起的官司自然在全英国产生了巨大的轰动效应，各个新闻媒体纷纷出动，做了大量的报道。

头脑精明的厂长，敏锐地利用了一次非常糟糕的事件大做文章，没花一分钱的广告费，却让他和他的足球厂名声大振，闻名遐迩。

这位足球厂厂长在接受记者采访时说："这位太太与其丈夫闹离婚，正说明我们厂生产的足球魅力之大，并且她的控词为我厂做了一次绝妙的广告。"后来，这家足球厂的产品销量因此直线上升，成为同行中的"领头羊"。

优秀的员工往往能从危机中寻找可以利用的商机，在失利中寻找契机，从而使自己反败为胜。只要思路再灵活一些、方法再得当一些，遇上的麻烦可能会带给你推销自己和企业的机会。

每一个人都有可能成功，但有时就差这么一点点火候，把握好时机，你便走到别人的前面了。

第三章 开启右脑模式，获取超强记忆力

你一学 NIYIXUE 就会的 JIUHUIDE 思维导图 SIWEIDAOTU

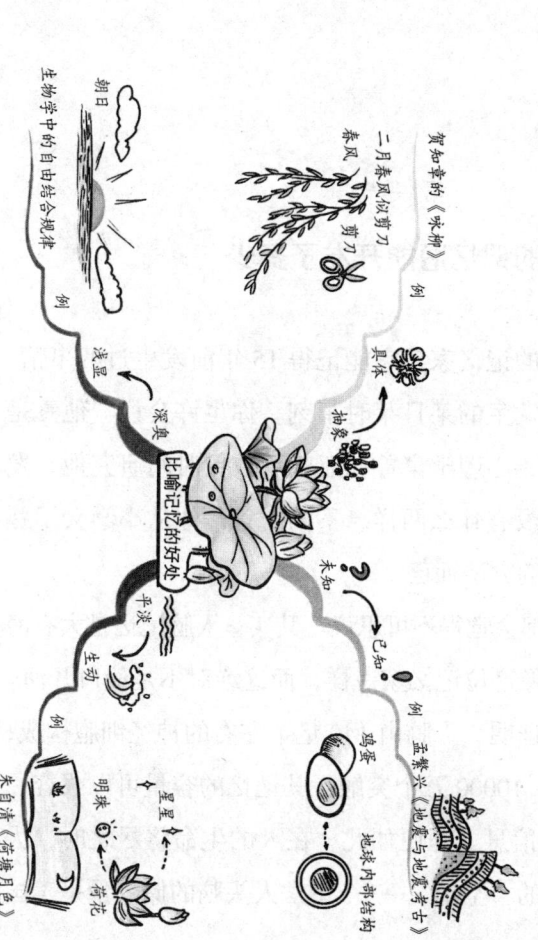

第一节

你的记忆潜能开发了多少

俄国有一位著名的记忆家,它能记得15年前发生过的事情,他甚至能精确到事情发生的某日某时某刻。你也许会说"他真是个记忆天才"!其实,心理学家鲁利亚曾用数年时间研究他,发现他的大脑与正常人没有什么两样,不同的只是他从小学会了熟记发生在身边的事情的方法而已。

每个人读到这里都会觉得不可思议。其实,人脑记忆是大有潜力可挖的。你也可以像这位记忆家一样,而这绝对不是信口开河。

现代心理学研究证明,人脑由140亿个左右的神经细胞构成,每个细胞有1000万~10000万个突触,其记忆的容量可以收容一生之中接收到的所有信息。即便如此,在人的生命将尽之时,大脑还有记忆其他信息的"空地"。一个正常人头脑的储藏量是美国国会图书馆全部藏书的 50 倍,而此馆藏书量是 1000 万册。

  人人都有如此巨大的记忆潜力,而我们却整天为误以为自己"先天不足"而长吁短叹、怨天尤人,如果你不相信自己有这样的记忆潜力的话,你可以做下面的实验证明。

  请准备好钟表、纸、笔,然后记忆下面的一段数字(30 位)和一串词语(要求按照原文顺序),直到能够完全记住为止。写下记忆过程中重复的次数和所花的时间等。4 小时之后,再回忆默写一次(注意:在此之前不能进行任何形式的复习),然后填写这次的重复次数和所花的时间。

数字:109912857246392465702591436807

词语:恐惧 马车 轮船 瀑布 熊掌 武术 监狱 日蚀 石油 泰山

学习所用的时间:

重复的次数:

默写出错率:

此时的时间:

4 小时后默写出错率:

  现在再按同样的形式记忆下面的两组内容,统计出有关数据,但必须使用提示中的方法来记忆。

数字:187105341279826587663890278643

  [提示:使用谐音的方法给每个数字确定一个代码字,连成一个故事。故事大意:你原来很胆小,服了一种神奇的药后,大病痊愈,从此胆大如斗,连杀鸡这样的"大事"也不怕了,一刀

砍下去,一只矮脚鸡应声而倒。为了庆祝,你和爸爸,还有你的一位朋友,来到酒吧。你的父亲饮了63瓶啤酒,大醉而归。走时带了两个西瓜回去,由于大醉,全都丢光了。现在,你正给你的这位朋友讲这件事,你说:"一把奇药(1871),令吾杀死一矮鸡(0534127),酒吧(98),尔来(26),吾爸吃了63啤酒(58766389),拎两西瓜(0278),流失散(643)。"]

词语:火车 黄河 岩石 鱼翅 体操 惊讶 煤炭 茅屋 流星 汽车

[提示:把10个词语用一个故事串联起来,请在读故事时一定要像看电视剧一样在脑中映出这个故事描述的画面来。故事如下:一列飞速行驶的"火车"在经过"黄河"大桥时撞在"岩石"上,脱轨落入河中,河里的"鱼"受惊之后展"翅"飞出水面,纷纷落在岸上,活蹦乱跳,像在做"体操"似的。人们目睹此景大为"惊讶",驻足围观。有几个聪明人拿来"煤炭",支起炉灶来煮鱼吃。煤不够了就从"茅屋"上扒下干草来烧。鱼刚煮好,不料,一颗"流星"从天而降砸在炉上。陨石有座小山那么大,上面有个洞,洞中开出一辆"汽车"来,也许是外星人的桑塔纳吧。]

学习所用的时间:

重复的次数:

默写出错率:

此时的时间:

4小时后默写出错率:

通过比较两次学习的效果,可以看出:使用后面提示中的记忆方法来记忆时，时间短，记忆准确，效果持久。

其实，许多行之有效的记忆训练方法还鲜为人知，本书就将为你介绍很多有效的训练方法。如果你能掌握并运用好其中的一个方法，你的记忆就会被强化，一部分潜能也就会被开发出来而产生很可观的实际效果；如果你能全面地掌握并运用好这些训练方法，使它们在相互协同中产生增值效应，那么你的记忆力就会有惊人的长进，近于无穷的潜能也会释放出来。多数人自我感觉记忆不良，大都是记忆方法不当所造成的。

所以，我们要相信自己的大脑，它就犹如照相底片，等待着信息之光闪现；又如同浩瀚的汪洋，接纳川流不息的记忆之"水"——无"水"满之患；还好像没有引爆的核材料，一旦引爆，它会将蕴藏的超越其他材料万亿倍的核热潜能释放出来，让你轻而易举地腾飞，铸就辉煌，造福人类和自己。

当然，值得注意的是，虽然记忆大有潜力可挖，但是也不要滥用大脑。因为脑是一个有限的装置——记忆的容量不是无限的，一瞥的记忆量很有限。过频地使用某些部位的脑神经细胞，时间一久，还会出现功能降减性病变（主症是效率突减），脑细胞在中年就不断地死亡而数量不断地减少，其功能也由此而衰退⋯⋯

故此，不要"锥刺骨，头悬梁"地去记忆那些过了时的、杂七杂八、无关紧要、结构松散、毫无生气、可用笔记以及其他手段帮助大脑记忆的信息。

第二节

改变命运的记忆术

记忆无时无刻不在与人们的生活、学习发生着紧密的联系。没有记忆,人就无法生存。

历史上,从希腊社会以来,就有一些不可思议的记忆技巧流

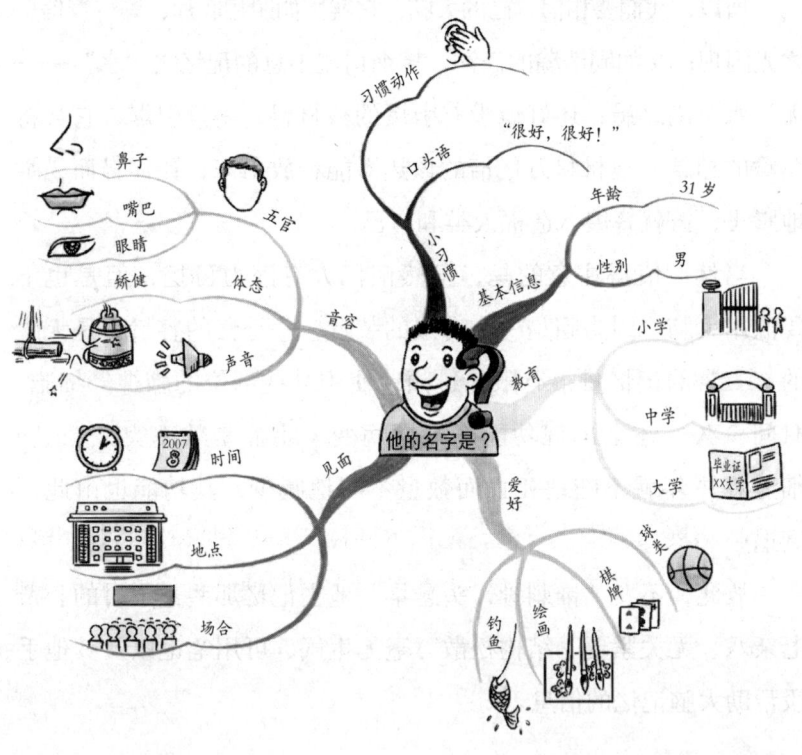

传下来，这些技巧的使用者能以顺序、倒序或者任意顺序记住数百数千件事物，他们能表演特殊的记忆技巧，能够完整地记住某一个领域的全部知识，等等。

后来有人称这种特殊的记忆规则为"记忆术"。随着社会的发展，人们逐渐意识到这些方法能使大脑更快、更容易记住一些事物，并且能使记忆保持得更长久。

实际上，这些方法对改进大脑的记忆非常明显，也是大脑本来就具有的能力。

有关研究表明，只要训练得当，每个正常人都有很高的记忆力，人的大脑记忆的潜力是很大的，可以容纳下5亿本书那么多的信息——这是一个很难装满的知识库。但是由于种种原因，人的记忆力没有得到充分的发挥，可以说，每个人可以挖掘的记忆潜力都是非常巨大的。

思维导图，最早就是一种记忆技巧。

人脑对图像的加工记忆能力大约是文字的1000倍。让你更有效地把信息放进你的大脑，或是把信息从你的大脑中取出来，一幅思维导图是最简单的方法——这就是作为一种思维工具的思维导图所要做的工作。

在拓展大脑潜力方面，记忆术同样离不开想象和联想，并以想象和联想为基础，以便产生新的可记忆图像。我们平时所谈到的创造性思维也是以想象和联想为基础。

两者比较起来，记忆术是将两个事物联系起来从而重新创造出第三个图像，最终只是达到简单地要记住某个东西的目的。思维导图记忆术一个特别有用的应用是寻找"丢失"的记忆，比如你突然想不起一个人的名字，忘记了把某个东西放到哪去了，等等。

在这种情况下，对于这个"丢失"的记忆，我们可以采用思维的联想力量，这时，我们可以让思维导图的中心空着，如果这个"丢失"的中心是一个人名字的话，围绕在它周围的一些主要分支可能就是像性别、年龄、爱好、特长、外貌、声音、学校或职业以及与对方见面的时间和地点等。

通过细致的罗列，我们会极大地提高大脑从记忆仓库里辨认出这个中心的可能性，从而轻易地确认这个对象。

据此，编者画了一幅简单的思维导图：

受此启发，你也可以回想自己曾经忘记的人和事，借助思维导图记忆术把他们一一"找"回来。

如果平时，我们尝试把思维导图记忆术应用到更广的范围的话，那么就会有效地解决更多的问题。

思维导图记忆术需要不断地练习，让它潜移默化你的生活、学习和工作，才会发生更大的效用，甚至彻底改变你的人生。

第三节

超右脑照相记忆法

著名的右脑训练专家七田真博士曾对一些理科成绩只有30分左右的小学生进行了右脑记忆训练。所谓训练，就是这样一种游戏：摆上一些图片，让他们用语言将相邻的两张图片联想起来记忆，比如"石头上放着草莓，草莓被鞋踩烂了"等。

这次训练的结果是这些只能考30分的小学生都能得100分。

通过这次训练，七田真指出，和左脑的语言性记忆不同，右脑中具有另一种被称作"图像记忆"的记忆，这种记忆可以使只看过一次的事物像照片一样印在脑子里。一旦这种右脑记忆得到开发，那些不愿学习的人也可以立刻拥有出色记忆力，变得"聪明"起来。

同时，这个实验告诉我们，每个人自身都储备着这种照相记忆的能力，你需要做的是如何把它挖掘出来。

现在我们来测试一下你的视觉想象力。你能内视到颜色吗？或许你会说："噢！见鬼了，怎么会这样。"请赶快先闭上你的眼睛，内视一下自己眼前有一幅红色、黑色、白色、黄色、绿色、蓝色然后又是白色的电影银幕。

看到了吗？哪些颜色你觉得容易想象，哪些颜色你又觉得想象起来比较困难呢？还有，在哪些颜色上你需要用较长的时间？

请你再想象一下眼前有一个画家，他拿着一支画笔在一张画布上作画。这种想象能帮助你提高对颜色的记忆，如果你多练习几次就知道了。

当你有时间或想放松一下的时候，请经常重复做这一练习。你会发现一次比一次更容易地想象颜色了。当然你可以做一做白日梦，从尽可能美好的、正面的图像开始，因为根据经验，正面的事物比较容易记在头脑里。

你可以回忆一下在过去的生活中，一幅让你感觉很美好的画面：例如某个度假日、某种美丽的景色、你喜欢的电影中的某个场面，等等。请你尽可能努力地并且带颜色地内视这个画面，想象把你自己放进去，把这张画面的所有细节都描绘出来。在繁忙的一天中用几分钟闭上你的眼睛，在脑海里呈现一下这样美好的回忆，如此你必定会感到非常放松。

当然，照相记忆的一个基本前提是你需要把资料转化为清晰、生动的图像。

清晰的图像就是要有足够多的细节，每个细节都要清晰。

比如，要在脑中想象"萝卜"的图像，你的"萝卜"是红的还是白的？叶子是什么颜色的？萝卜是沾满了泥还是洗得干干净净的呢？

图像轮廓越清楚，细节越清晰，图像在脑中留下的印象就越深刻，越不容易被遗忘。

再举个例子，比如想象"公共汽车"的图像，就要弄清楚你脑海中的公共汽车是崭新的还是又老又旧的？车有多高、多长？车身上有广告吗？车是静止的还是运动的？车上乘客很多很拥挤，还是人比较少，宽宽松松？

生动的图像就是要充分利用各种感官，视觉、听觉、触觉、嗅觉、味觉，给图像赋予这些感官可以感受到的特征。

想象萝卜和公共汽车的图像时都用到了视觉效果。

在这两个例子中也可以用到其他几种感官效果。

在创造公共汽车的图像时，也可以想象：公共汽车的笛声是嘶哑还是清亮？如果是老旧的公共汽车，行驶起来是不是吱呀有声？在创造萝卜的图像时，可以想象一下：萝卜皮是光滑的还是粗糙的？生萝卜是不是有种细细幽幽的清香？如果咬一口，又会是一种什么味道呢？

经过上面的几个小训练之后，你关闭的右脑大门或许已经逐渐开启，但要想修炼成"一眼记住全像"的照相记忆，你还必须要进行下面的训练：

（1）一心二用（5分钟）。

"一心二用"训练就是锻炼左右手同时画图。拿出一根铅笔。左手画横线，右手画竖线，要两只手同时画。练习一分钟后，两手交换，左手画竖线，右手画横线。一分钟之后，再交换，反复练习，直到画出来的图形完美为止。这个练习能够强烈刺激右脑。

你画出来的图形还令自己满意吗？刚开始的时候画不好是很

正常的，不要灰心，随着练习的次数越来越多，你会画得越来越好。

（2）想象训练（5分钟）。

我们都有这样的体会，记忆图像比记忆文字花费时间更少，也更不容易忘记。因此，在我们记忆文字时，也可以将其转化为图像，记忆起来就简单得多，记忆效果也更好了。

想象训练就是把目标记忆内容转化为图像，然后在图像与图像间创造动态联系，通过这些联系能很容易地记住目标记忆内容及其顺序。正如本书前面章节所讲，这种联系可以采用夸张、拟人等各种方式，图像细节越具体、清晰越好。但这种想象又不是漫无边际的，必须用一两句话就可以表达，否则就脱离记忆的目的了。

如现在有两个水杯、两只蘑菇，请设计一个场景，水杯和蘑菇是场景中的主体，你能想象出这个场景是什么样的吗？越奇特越好。

对于照相记忆，很多人不习惯把资料转化成图像，不过，只要能坚持不懈地训练就可以了。

第四节

进入右脑思维模式

我们的大脑主要由左右脑组成，左脑负责语言逻辑及归纳，而右脑主要负责的是图形图像的处理记忆。所以右脑模式就是以图形图像为主导的思维模式。进入右脑模式以后是什么样子呢？

简单来说，就是在不受语言模式干扰的情况下可以更加清晰地感知图像，并忘却时间，而且整个记忆过程会很轻松并且快乐。和宗教或者瑜伽所追求的冥想状态有关，可以更深层次地感受事物的真相，不需要语言可以立体、多元化、直观地看到事物发生发展的来龙去脉，关键是可以增加图像记忆和在大脑中直接看到构思的图像。

想使用右脑记忆，人们应该怎样做呢？

由于左右侧的活动与发展通常是不平衡的，往往右侧活动多

于左侧活动，因此有必要加强左侧活动，以促进右脑功能。

在日常生活中我们尽可能多使用身体的左侧，也是很重要的。身体左侧多活动，右侧大脑就会发达。右侧大脑的功能增强，人的灵感、想象力就会增加。比如在使用小刀和剪子的时候用左手，拍照时用左眼，打电话时用左耳。

还可以见缝插针锻炼左手。如果每天得在汽车上度过较长时间，可利用它锻炼身体左侧。如用左手指钩住车把手，或手扶把手，让左脚单脚支撑站立。或将钱放在自己的衣服左口袋，上车后以左手取钱买票。有人设计一种方法：在左手食指和中指上套上一根橡皮筋，使之成为8字形，然后用拇指把橡皮筋移套到无名指上，仍使之保持8字形。

依此类推，再将橡皮筋套到小指上，如此反复多次，可有效地刺激右脑。此外，有意地让左手干右手习惯做的事，如写字、拿筷、刷牙、梳头等。

这类方法中具有独特价值而值得提倡的还有手指刺激法。苏联著名教育家苏霍姆林斯基说："儿童的智慧在手指头上。"许多人让儿童从小练弹琴、打字、珠算等，这样双手的协调运动，会把大脑皮层中相应的神经细胞的活力激发起来。

还可以采用环球刺激法。尽量活动手指，促进右脑功能，是这类方法的目的。例如，每捏扁一次健身环需要10~15千克握力，五指捏握时，又能促进对手掌各穴位的刺激、按摩，使脑部供血通畅。

特别是左手捏握，对右脑起激发作用。有人数年坚持"随身带个圈（健身圈），有空就捏转，家中备副球，活动左右手"，确有健脑益智之效。此外，多用左、右手掌转捏核桃，作用也一样。

正如前文所说，使用右脑，全脑的能力随之增加，学习能力也会提高。

你可以尝试着在自己喜欢的书中选出20篇感兴趣的文章来，每一篇文章都是能读2～5分钟的，然后下决心开始练习右脑记忆，不间断坚持3～5个月，看看效果如何。

第五节

给知识编码，加深记忆

红极一时的电视剧《潜伏》中有这样一段，地下党员余则成为了与组织联系，总是按时收听广播中给"勘探队"的信号，然后一边听一边记下各种数字，再破译成一段话。你一定觉得这样的沟通方式很酷，其实我们也可以用这种方式来学习，这就是编码记忆。

编码记忆是指为了更准确而且快速地记忆，我们可以按照事先编好的数字或其他固定的顺序记忆。编码记忆方法是研究者根据诺贝尔奖获得者美国心理学家斯佩里和麦伊尔斯的"人类左右脑机能分担论"，把人的左脑的逻辑思维与右脑的形象思维相结合的记忆方法。

反过来说,经常用编码记忆法练习,也有利于开发右脑的形象思维。其实早在19世纪时,威廉·斯托克就已经系统地总结了编码记忆法,并编写成了《记忆力》一书,于1881年正式出版。编码记忆法的最基本点,就是编码。

所谓"编码记忆"就是把必须记忆的事情与相应数字相联系并进行记忆。

例如,我们可以把房间的事物编号如下:1——房门、2——地板、3——鞋柜、4——花瓶、5——日历、6——橱柜、7——壁橱。如果说"2",马上回答"地板"。如果说:"3",马上回答"鞋柜"。这样将各部位的数字号码记住,再与其他应该记忆的事项进行联想。

开始先编10个左右的号码。先对脑子里浮现出的房间物品的形象进行编号。以后只要想起编号,就能马上想起房间内的各种事物,这只需要5~10分钟即可记下来。在反复练习过程中,对编码就能清楚地记忆了。

这样的练习进行得较熟练后,再增加10个左右。如果能做几个编码并进行记忆,就可以灵活应用了。你也可以把自己的身体各部位进行编码,这样对提高记忆力非常有效。

作为编码记忆法的基础,如前所述,就是把房间各部位编上号码,这就是记忆的"挂钩"。

请你把下述实例,用联想法联结起来,记忆一下这件事:

1——飞机、2——书、3——橘子、4——富士山、5——舞蹈、6——果汁、7——棒球、8——悲伤、9——报纸、10——信。

先把这件事按前述编码法联结起来，再用联想的方法记忆。联想举例如下：

（1）房门和飞机：想象入口处被巨型飞机撞击或撞出火星。

（2）地板和书：想象地板上书在脱鞋。

（3）鞋柜和橘子：想象打开鞋柜后，无数橘子飞出来。

（4）花瓶和富士山：想象花瓶上长出富士山。

（5）日历和舞蹈：想象日历在跳舞。

（6）橱柜和果汁：想象装着果汁的大杯子里放的不是冰块，而是木柜。

（7）壁橱和棒球：想象棒球运动员把壁橱当成防护用具。

（8）画框和悲伤：画框掉下来砸了脑袋，最珍贵的画框摔坏了，因此而伤心流泪。

（9）海报和报纸：想象报纸代替海报贴在墙上。

（10）电视机和信：想象大信封上装有荧光屏，信封变成了电视机。

如按上述方法联想记忆，无论采取什么顺序都能马上回忆出来。

这个方法也能这样进行练习，先在纸上写出 1~20 的号码，让朋友说出各种事物，你写在号码下面，同时用联想法记忆。然后让朋友随意说出任何一个号码，如果回答正确，画一条线勾掉。

掌握了编码记忆的基本方法后，只要是身边的事物都可以编上号码进行记忆，把记忆内容回忆起来。

第六节
用夸张的手法强化印象

开发右脑的方法有很多，荒谬联想记忆法就是其中的一种。我们知道，右脑主要以图像和心像进行思考，荒谬记忆法几乎完全建立在这种工作方式的基础之上，从所要记忆的一个项目尽可能荒谬地联想到其他事物。

古埃及人在《阿德·海莱谬》中有这样一段："我们每天所见到的琐碎的、司空见惯的小事，一般情况下是记不住的。而听到或见到的那些稀奇的、意外的、低级趣味的、丑恶的或惊人的触犯法律的等异乎寻常的事情，却能长期记忆。因此，在我们身边经常听到、见到的事情，平时也不去注意它，然而，在少年时期所发生的一些事却记忆犹新。那些用相同的目光所看到的事物，那些平常的、司空见惯的事很容易从记忆中漏掉，而一反常态、违背常理的事情，却能永远铭记不忘，这是否违背常理呢？"

古埃及人当时并不懂得记忆的规律才有此疑问。其实，在记忆深处对那些荒诞、离奇的事物更为着迷……这就是荒谬记忆法的来源，概括地讲，荒谬联想指的是非自然的联想，在新旧知识之间建立一种牵强附会的联系。这种联系可以是夸张，也可以是谬化。

荒谬记忆法最直接的帮助是你可以用这种记忆法来记住你所学过的英语单词。例如你用这种方法只需要看一遍英语单词，当你一边看这些单词，一边在头脑中进行荒谬的联想时，你会在极短的时间内记住近20个单词。

例如，记忆"Legislate（立法）"这个单词时，可先将该词分解成 leg、is、late 三个字母，然后把"Legislate"记成"为腿（Leg）立法，总是（is）太迟（late）"。这样荒谬的联想，以后我们就不容易忘记。关于学习科目的记忆方法，我们在后面章节中会提到。在这一节中，我们从最普通的例子说明荒谬联想记忆应如何操作。

以下是20个项目，只要应用荒谬记忆法，你将能够在一个短得令人吃惊的时间内按顺序记住它们：

地毯 纸张 瓶子 椅子 窗子 电话 香烟 钉子 鞋子 马车 钢笔 盘子

胡桃壳 打字机 麦克风 留声机 咖啡壶 砖 床 鱼

你要做的第一件事是，在心里想到一张第一个项目的图画"地毯"。你可以把它与你熟悉的事物联系起来。实际上，你要很快就看到任何一种地毯，还要看到你自己家里的地毯。或者想象你的朋友正在卷起你的地毯。

这些你熟悉的项目本身将作为你已记住的事物，你现在知道或者已经记住的事物是"地毯"这个项目。现在，你要记住的事物是第二个项目"纸张"。你必须将地毯与纸张相联想或相联系，联想必须尽可能地荒谬。如想象你家的地毯是纸做的，想象瓶子也是纸做的。

接下来，在床与鱼之间进行联想或将二者结合起来，你可以"看到"一条巨大的鱼睡在你的床上。

现在是鱼和椅子，一条巨大的鱼正坐在一把椅子上，或者一条大鱼被当作一把椅子用，你在钓鱼时正在钓的是椅子，而不是鱼。

椅子与窗子：看见你自己坐在一块玻璃上，而不是在一把椅子上，并感到扎得很痛，或者是你可以看到自己猛力地把椅子扔出关闭着的窗子，在进入下一幅图画之前先看到这幅图画。

窗子与电话：看见你自己在接电话，但是当你将话筒靠近你的耳朵时，你手里拿的不是电话而是一扇窗子；或者是你可以把窗户看成是一个大的电话拨号盘，你必须将拨号盘移开才能朝窗外看，你能看见自己将手伸向一扇玻璃窗去拿起话筒。

电话与香烟：你正在抽一部电话，而不是一支香烟，或者是你将一支大的香烟向耳朵凑过去对着它说话，而不是对着电话筒，或者你可以看见你自己拿起话筒来，一百万根香烟从话筒里飞出来打在你的脸上。

香烟与钉子：你正在抽一颗钉子，或你正把一支香烟而不是一颗钉子钉进墙里。

钉子与打字机：你在将一颗巨大的钉子钉进一台打字机，或者打字机上的所有键都是钉子。当你打字时，它们把你的手刺得很痛。

打字机与鞋子：看见你自己穿着打字机，而不是穿着鞋子，或是你用你的鞋子在打字，你也许想看看一只巨大的带键的鞋子，是如何在上边打字的。

鞋子与麦克风：你穿着麦克风，而不是穿着鞋子，或者你在对着一只巨大的鞋子播音。

麦克风和钢笔：你用一个麦克风，而不是一支钢笔写字，或者你在对一支巨大的钢笔播音和讲话。

钢笔和收音机：你能"看见"一百万支钢笔喷出收音机，或是钢笔正在收音机里表演，或是在大钢笔上有一台收音机，你正在那上面收听节目。

收音机与盘子：把你的收音机看成是你厨房的盘子，或是看成你正在吃收音机里的东西，而不是盘子里的。或者你在吃盘子里的东西，并且当你在吃的时候，听盘子里的节目。

盘子与胡桃壳："看见"你自己在咬一个胡桃壳，但是它在你的嘴里破裂了，因为那是一个盘子，或者想象用一个巨大的胡桃壳盛饭，而不是用一个盘子。

胡桃壳与马车：你能看见一个大胡桃壳驾驶一辆马车，或者看见你自己正驾驶一个大的胡桃壳，而不是一辆马车。

马车与咖啡壶：一只大的咖啡壶正驾驶一辆小马车，或者你正驾驶一把巨大的咖啡壶，而不是一辆小马车，你可以想象你的马车在炉子上，咖啡在里边过滤。

咖啡壶和砖块：看见你自己从一块砖中，而不是一把咖啡壶中倒出热气腾腾的咖啡，或者看见砖块，而不是咖啡从咖啡壶的壶嘴涌出。

这就对了！如果你的确在心中"看"了这些心视图画，你再按从"地毯"到"砖块"的顺序记20个项目就不会有问题了。当然，要多次解释这点比简简单单照这样做花的时间多得多。在进入下一个项目之前，只能用很短的时间再审视每一幅通过精神联想的画面。

这种记忆法的奇妙是，一旦记住了这些荒谬的画面，项目就会在你的脑海中留下深刻的印象。

第七节

神奇比喻，降低理解难度

比喻记忆法就是运用修辞中的比喻方法，使抽象的事物转化成具体的事物，从而符合右脑的形象记忆能力，达到提高记忆效率的目的。人们写文章、说话时总爱打比方，因为生动贴切的比喻不但能使语言和内容显得新鲜有趣，而且能引发人们的联想和思索，并且容易加深记忆。

比喻与记忆密切相关，那些新颖贴切的比喻容易纳入人们已有的知识结构，使被描述的材料给人留下难以忘怀的印象。其作用主要表现在以下几个方面：

1. 变未知为已知

例如，孟繁兴在《地震与地震考古》中讲到地球内部结构时曾以"鸡蛋"作比："地球内部大致分为地壳、地幔和地核三大部分。整个地球，打个比方，它就像一个鸡蛋，地壳好比是鸡蛋壳，地幔好比是蛋白，地核好比是蛋黄。"这样，把那些尚未了解的知识与已有的知识经验联系起来，人们便容易理解和掌握。

再如沿海地区刮台风，内地绝大多数人只是耳闻，未曾目睹，而读了诗人郭小川的诗歌《战台风》后，便有身临其境之感。"烟雾迷茫，好像十万发炮弹同时炸林园；黑云乱翻，好像十万只乌鸦同时抢麦田""风声凄厉，仿佛一群群狂徒呼天抢地咒人间；雷声呜咽，仿佛一群群恶狼狂嚎猛吼闹青山""大雨哗哗，犹如千百个地主老爷一齐挥皮鞭；雷电闪闪，犹如千百个衙役腿子一齐抖锁链"。

这些比喻，把许多人未能体验过的特有的自然现象活灵活现地表达出来，开阔了人们的眼界，同时也深化了记忆。

2. 变平淡为生动

例如，朱自清在《荷塘月色》中写到花儿的美时这么说："层层的叶子中间，零星地点缀着些白花，有袅娜地开着的，有羞涩地打着朵儿的，正如粒粒的明珠，又如碧天里的星星。"

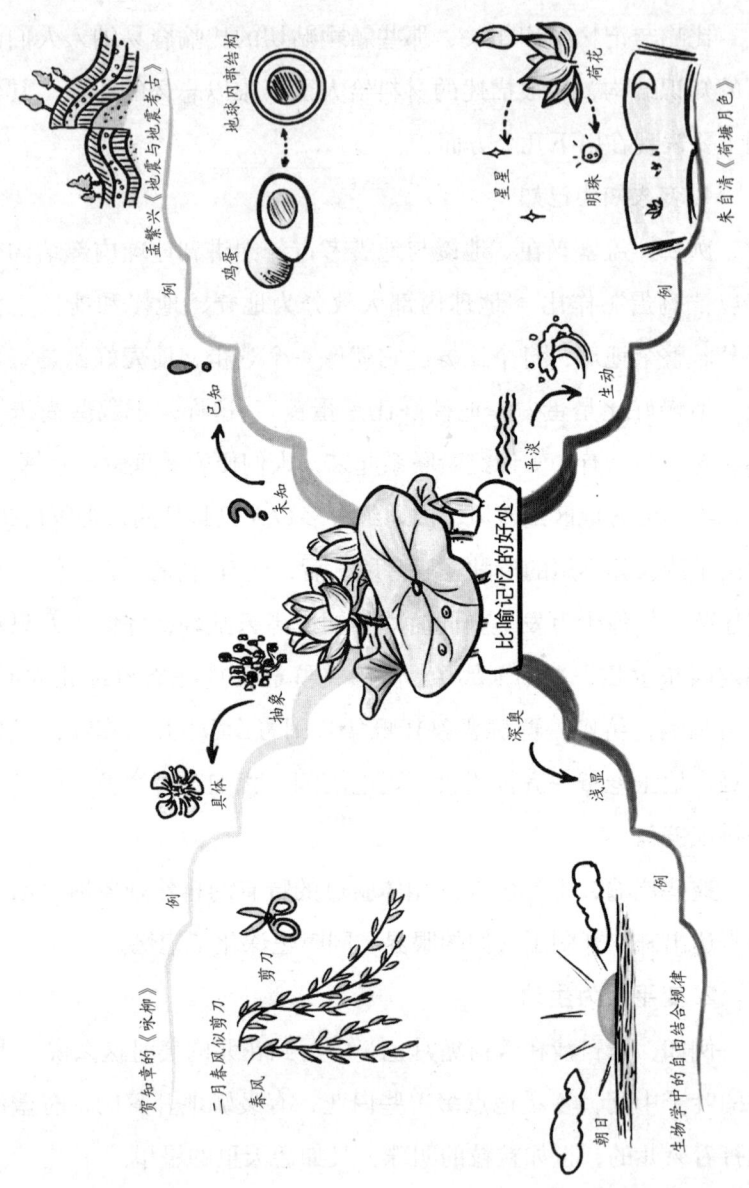

有些事物如果平铺直叙，大家会觉得平淡无味，而恰当地运用比喻，往往会使平淡的事物生动起来，使人们兴奋和激动。

3. 变深奥为浅显

东汉学者王充说："何以为辩，喻深以浅。何以为智，喻难以易。"就是说应该用浅显的话来说明深奥的道理，用易懂的事例来说明难懂的问题。

运用比喻，还可以帮助我们很快记住枯燥的概念公式。例如，有人讲述生物学中的自由结合规律时，用篮球赛来作比喻加以说明：赛球时，同队队员必须相互分离，不能互跟。这好比同源染色体上的等位基因，在形成F1配子时，伴随着同源染色体分开而相互分离，体现了分离规律。赛球时，两队队员之间，可以随机自由跟人。这又好比F1配子形成基因类型时，位于非同源染色体上的非等位基因之间，则机会均等地自由组合，即体现了自由组合规律。篮球赛人所共知，把枯燥的公式比作篮球赛，自然就容易记住了。

4. 变抽象为具体

将抽象事物比作具体事物可以加深记忆效果。如地理课上的气旋可以比成水中旋涡。某老师在教聋哑学校学生计算机时，用比喻来介绍"文件名""目录""路径"等概念，将"文件"和"文件名"形象地比作练习本和在练习本封面上写姓名、科目等；把文字输入称为"做作业"。各年级老师办公室就像是"目录"；如果学校是"根目录"的话，校长要查看作业，先到办公室通知教师，教师到教室通知学生，学生出示相应的作业，这样的顺序就是"路径"。这样的形象比喻，会使学生觉得所学的内容形象、生动，从而增强记忆效果。

又如，唐代诗人贺知章的《咏柳》诗：

碧玉妆成一树高，万条垂下绿丝绦。

不知细叶谁裁出，二月春风似剪刀。

春风的形象并不鲜明，可是把它比作剪刀就具体形象了。使人马上领悟到柳树碧、柳枝绿、柳叶细，都是春风的功劳。于是，这首诗便记住了。

运用比喻记忆法，实际上是增加了一条类比联想的线索，它能够帮助我们打开记忆的大门。但是，应该注意的是，比喻要形象贴切，浅显易懂，这样才便于记忆。

第八节

另类思维创造记忆天才

"零"是什么，是一个很有趣味性的创造性思维开发训练活动。"零"或"0"是尽人皆知的一种最简单的文字符号。这里，除了数字表意功能以外，请你发挥创造性想象力，静心苦想一番，看看"0"到底是什么，你一共能想出多少种，想得越多越好，一般不应少于30种。

为了使你能尽快地进入角色，现作如下提示：有人说这是零，有人说这是脑袋，有人说这是地球，有人说这是宇宙。几何教师说"是圆"，英语老师说"是英文字母O"，化学老师讲"是氧元素符号"，美术老师讲"画的是一个蛋"。幼儿园的小朋友们认为"是面包圈""是铁环""是项链""是孙悟空头上的金箍""是杯子""是叔叔脸上的小麻坑"……

另类思维就是能对事物做出多种多样的解释。

之所以说另类思维创造记忆天才，是因为所谓"天才"的思维方式和普通人的传统思维方式是不同的。一般记忆天才的思维主要有以下几个方面：

1. 思维的多角度

记忆天才往往会发现某个他人没有采取过的新角度。这样培养了他的观察力和想象力，同时也能培养思维能力。通过对事物多角度的观察，在对问题认识得不断深入中，就记住了要记住的内容。

大画家达·芬奇认为，为了获得有关某个问题构成的知识，首先要学会如何从许多不同的角度重新构建这个问题，他觉得，他看待某个问题的第一种角度太偏向于自己看待事物的通常方式，他就会不停地从一个角度转向另一个角度，重新构建这个问题。他对问题的理解和记忆就随着视角的每一次转换而逐渐加深。

2. 善用形象思维

伽利略用图表形象地体现出自己的思想，从而在科学上取得了革命性的突破。天才们一旦具备了某种起码的文字能力，似乎就会在视觉和空间方面形成某种技能，使他们得以通过不同途径灵活地展现知识。当爱因斯坦对一个问题做过全面的思考后，他往往会发现，用尽可能多的方式（包括图表）表达思考对象是必要的。他的思想是非常直观的，他运用直观和空间的方式思考，而不用沿着纯数学和文字的推理方式思考。爱因斯坦认为，文字和数字在他的思维过程中发挥的作用并不重要。

3. 天才设法在事物之间建立联系

如果说天才身上突出体现了一种特殊的思想风格，那就是把不同的对象放在一起进行比较的能力。这种在没有关联的事物之间建立关联的能力使他们能很快记住别人记不住的东西。德国化学家弗里德里·凯库勒梦到一条蛇咬住自己的尾巴，从而联想到苯分子的环状结构。

4. 天才善于比喻

亚里士多德把比喻看作天才的一个标志。他认为，那些能够在两种不同类事物之间发现相似之处并把它们联系起来的人具有特殊的才能。如果相异的东西从某种角度看上去确实是相似的，那么，它们从其他角度看上去可能也是相似的。这种思维能力加快了记忆的速度。

5. 创造性思维

我们的思维方式通常是复制性的，即，以过去遇到的相似问题为基础。

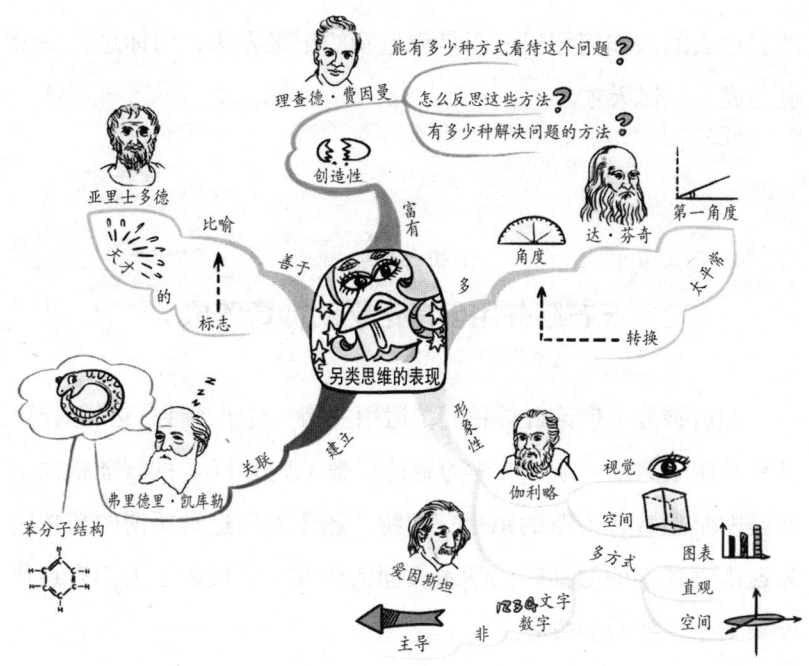

相比之下，天才的思维则是创造性的。遇到问题的时候，他们会问："能有多少种方式看待这个问题？""怎么反思这些方法？""有多少种解决问题的方法？"他们常常能对问题提出多种解决方法，而有些方法是非传统的，甚至可能是奇特的。

运用创造性思维，你就会找到尽可能多的可供选择的记忆方法。

诺贝尔奖获得者理查德·费因曼在遇到难题的时候总会萌发出新的思考方法。他觉得，自己成为天才的秘密就是不理会过去的思想家们如何思考问题，而是创造出新的思考方法。你如果不理会过去的人如何记忆，而是创造新的记忆方法，那你总有一天也会成为记忆天才。

第九节

左右脑并用创造记忆的神奇效果

左右脑分工理论告诉我们，运用左脑，过于理性；运用右脑，又容易流于滥情。从 IQ（学习智能指数）到 EQ（心的智能指数），便是左脑型教育沿革的结果；而将"超个人"这种所谓的超常现象，由心理学的层面转向学术方面的研究，更代表了人们有意再度探索全脑能力的决心。

若能持续地进行右脑训练，进而将左脑与右脑好好地、平衡地加以开发，则记忆就有了双管齐下的可能：由右脑承担形象思维的任务，左脑承担逻辑思维的重任，左右脑协调，以全脑来控制记忆过程，自然会取得出人意料的高效率。

发挥大脑右半球记忆和储存形象材料的功能，使大脑左右两半球在记忆时，都共同发挥作用，使大脑主动去运用它本身所独有的"右脑记忆形象材料的效果远远好于左脑记忆抽象材料的效果"这一规律。这样实践的效果，理所当然地会使人的记忆效率事半功倍，实现提升记忆力的目的。

另据生理学家研究发现，除了左右半脑在功能上存在巨大差异外，大脑皮层在机能上也有精细分工，各部位不仅各有专职，并有互补合作、相辅相成的作用。

由于长期以来，人们对智力的片面运用以及不良的用脑习惯的结果，不仅造成了大脑部分功能负担过重，学习和记忆能力下降，而且由此影响了思维的发展。

为了扭转这种局面，就需要运用全脑开动，左右脑并用。

1. 使左右半脑交叉活动

交叉记忆是指记忆过程中，有意识地交叉变换记忆内容，特别是交叉记忆那些侧重于形象思维与侧重于抽象逻辑思维的不同质的学习材料，以使大脑较全面发挥作用。记忆中，还可以利用一些相辅相成的手段使大脑两半球同时开展活动。

2. 进行全脑锻炼

全脑锻炼是指在记忆中，要注意使大脑得到全面锻炼。大脑皮层在机能上有精细的分工，但其功能的发挥和提高还要靠后天的刺激和锻炼。由于大脑皮层上有多种机能中枢，要使这些中枢的机能都发展到较高水平，就应在用脑时注意使大脑得到全面的锻炼。

比如在记忆语言时，由于大脑皮层有4个有关语言的中枢——说话中枢、书写中枢、听话中枢和阅读中枢，所以为了使这些中枢的机能都得到锻炼，就应当在记忆时把说、写、听、读这几种方式结合起来，或同时进行这几种方式的记忆。

我们以学习语言为例，说明如何左右脑并用。为了学会一门语言，一方面必须掌握足够的词汇，另一方面，必须能自动地把单词组成句子。词汇和句子都必须机械记忆，如果你的记忆变成推理性的或逻辑性的记忆，你就失去了讲一种外语所必需的流畅，进行阅读时，成了一字字地翻译了。这种翻译式的分析阅读是左脑的功能，结果是越读越慢，理解也就更难，全靠死记住某个外语单词相应的汉语单词是什么来分析。

发挥左右脑功能并用的办法学语言是用语言思维，例如，学英语单词"bed"时，应该在头脑中浮现出"床"的形象来，而不是去记"床"这个字。为什么学习本国语言容易呢？因为你从小学习就是从实物形象入手，说到"暖水瓶"，谁都会立刻想起暖水瓶的形象来，而不是浮现出"暖水瓶"三个字形来，说到动作你就会浮现出相应的动作来，所以学得容易。我们学习外语时，如能让文字变成图画，在你眼前浮现出形象来——这就让右脑起作用了。每个句子给你一个整体的形象，根据这个形象，通过上下文来判别，理解就更透彻了。

教育学、心理学领域的很多研究结果也显示，充分利用左右脑来处理多种信息对学习才是最有效的。

关于左右脑并用，保加利亚的教育家洛扎诺夫创造的被称之为"超级记忆法"的记忆方法最具有代表性。这种方法的表现形式中最引人入胜的步骤之一，是在记忆外语的同时，播放与记忆内容毫无关系的动听的音乐。洛扎诺夫解释说，听音乐要用右脑，右脑是管形象思维的，学语言用左脑，左脑是管逻辑思维的。他认为，大脑的两半球并用比只用一半要好得多。

第十节

快速提升记忆的9大法则

在学习过程中，每一个学习者都会面临记忆的难题，在这里，我们介绍了一个记忆9大法则，以便帮助我们更好地提高记忆力，获得学习高分。

记忆的9大法则如下：

1. 利用情景进行记忆

人的记忆有很多种，而且在各个年龄段所使用的记忆方法也不一样，具体说来，大人擅长的是"情景记忆"，而青少年则是"机械记忆"。

比如每次在考试复习前，采取临阵磨枪、死记硬背的同学很多。其中有一些同学，在小学或初中时学习成绩非常好，但一进了高中成绩就一落千丈。这并不是由于记忆力下降了，而是随着年龄的增长，擅长的记忆种类发生了变化，依赖死记硬背是行不通了。

2. 利用联想进行记忆

联想是大脑的基本思维方式，一旦你知道了这个奥秘，并知道如何使用它，那么，你的记忆能力就会得到很大的提高。

我们的大脑中有上千亿个神经细胞，这些神经细胞与其他神经细胞连接在一起，组成了一个非常复杂而精密的神经回路。包含在这个回路内的神经细胞的接触点达到 1000 万亿个。突触的结合又形成了各种各样的神经回路,记忆就被储存在神经回路中,这些突触经过长期的牢固结合,传递效率将会提高,使人具有很强的记忆力。

3. 运用视觉和听觉进行记忆

每个人都有适合自己的记忆方法。视觉记忆力是指对来自视觉通道的信息的输入、编码、存储和提取,即个体对视觉经验的识记、保持和再现的能力。

视觉记忆力对我们的思维、理解和记忆都有极大的帮助。如果一个人视觉记忆力不佳,就会极大地影响他的学习效果。

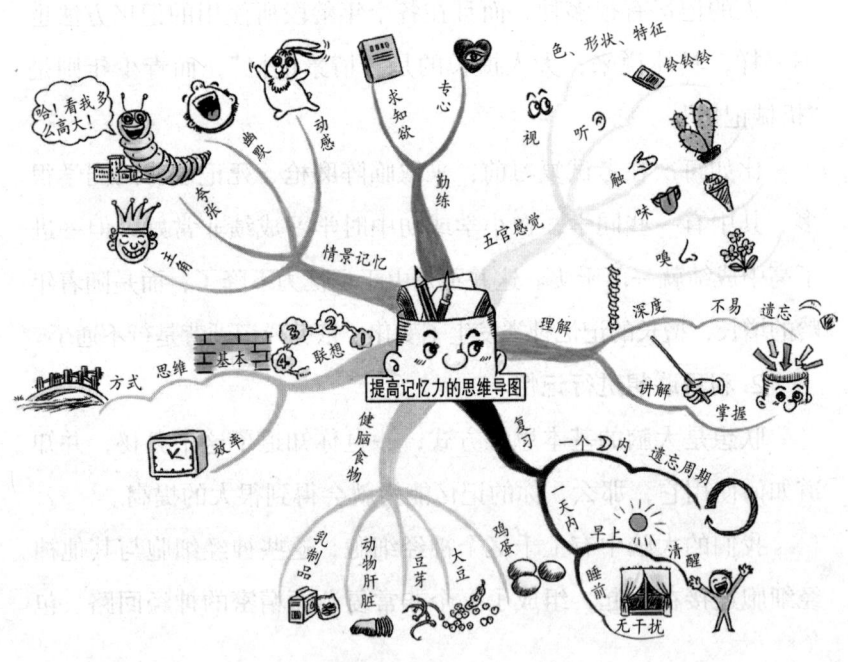

相对视觉而言，听觉更加有效。由耳朵将听到的声音传到大脑知觉神经，再传到记忆中枢，这在记忆学领域中叫"延时反馈效应"。比如，只看过歌词就想记下来是非常困难的，但要是配合节奏唱的话，就很快能够记下来，比起视觉的记忆，听觉的记忆更容易留在心中。

4. 使用讲解记忆

为了使我们记住的东西更深，我们可以把自己记住的东西讲给身边的人听，这是一种比视觉和听觉更有效的记忆方法。但同时要注意，如果自己没有清楚地理解，就不能很好地向别人解释，也就很难能深刻地记下来。所以首先理解你要记忆的内容很关键。

5. 保证充足的睡眠

我们的大脑很有意思，它也必须需要充足的睡眠才能保持更好的记忆力。有关实验证明，比起彻夜用功、废寝忘食，睡眠更能保持记忆。睡眠能保持记忆，防止遗忘，主要原因是因为在睡眠中，大脑会对刚接收的信息进行归纳、整理、编码、存储，同时睡眠期间进入大脑的外界刺激显著减少，我们应该抓紧睡前的宝贵时间，学习和记忆那些比较重要的材料。不过，既不应睡得太晚，更不能把书本当作催眠曲。

有些学习者在考试前进行突击复习，通宵不眠，更是得不偿失。

6. 及时有效地复习

有一句谚语叫"重复乃记忆之母"，只要复习，就会很好地记住需要记住的东西。不过，有些人不论重复多少遍都记不住要记住的东西，这跟记忆的方法有关，只要改变一下方法就会获得另一种效果。

7. 避免紧张状态

不少人都会有这种经历，突然要求在很多人面前发表讲话，或者之前已经做了一些准备，但开口讲话时还是会紧张，甚至突然忘记自己要讲解的内容。虽然说适度的紧张会提高记忆力，但是过度紧张的话，记忆就不能很好地发挥作用。

所以，我们在平时应该多训练自己当众演讲，以减少紧张的次数。

8. 利用求知欲记忆

有人认为，随着年龄的增长，我们的记忆力会逐渐减退，其实，这是一种错误的认识。记忆力之所以会减退，与本人对事物的热情减弱，失去了对未知事物的求知欲有很大的关系。

对一个善于学习的人来说，记忆时最重要的是要有理解事物背后的道理和规律的兴趣。一个有求知欲的人即便上了年纪，他的记忆力也不会衰退，反而会更加旺盛。

9. 持续不断地进行记忆努力

要想提高自己的记忆力，需要不断地锻炼和练习，进行有意识地记忆。比如可以对身边的事物进行有意识的提问，多问几个"为什么"，从而加深印象，提升记忆能力。

在熟悉了记忆的 9 大法则后，我们就可以根据自己的情况做出提高记忆力的思维导图了。

第四章 重塑身体，激发运动潜能

你一学 NIYIXUE
就会的 JIUHUIDE
思维导图 SIWEIDAOTU

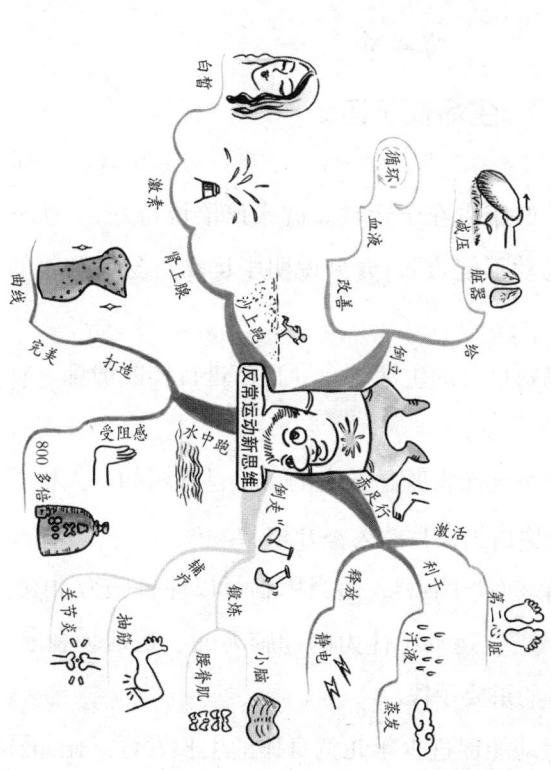

第一节

生命在于运动

生命在于运动,健康也在于运动。健康谚语说得好,"铁不冶炼不成钢,人不运动不健康",充分说明了运动对身体健康的重要性。

运用思维导图规划自己的生活,指导自己进行体能锻炼,意义巨大。

生命对于我们每个人而言既是宝贵的,也是脆弱的,人生苦短,犹如白驹过隙,珍惜生命自然离不开运动。

经常运动可以保持体力不衰,适当用脑可以保持脑力不衰。"流水不腐,户枢不蠹",运动(体力的和脑力的)是延缓衰老、防病抗病、延年益寿的重要手段。

对儿童而言,运动能促进少年儿童身体的生长发育。比如骨骼、肌肉，锻炼和不锻炼就大不一样。坚持锻炼的少年儿童，肌肉、骨骼都比较结实粗壮，身高也比不锻炼的人要高。身高主要决定于下肢长骨，而长骨的生长则依靠两端的骺软骨板。

在儿童时期，长骨的骺软骨板的细胞不断分裂、增殖和骨化，使长骨纵向生长。细胞增殖需要大量的血液提供营养，体育锻炼能促使全身血液循环加快，增多骺软骨板中的血液量，从而促进细胞分裂和增殖，使骨骼增长更快。

调查证明，同年龄、同性别的少年儿童，经常参加体育锻炼的比不参加的身高长4～8厘米。

运动还能增强体内各内脏器官的功能。经常运动的人，肺的容量比不运动的要大一倍以上；心肌发达，心脏的收缩力加强；胃肠道功能增强，消化好，饭量增加。

运动能增强体质，提高机体的抵抗力和对自然环境的适应能力，从而预防疾病发生。

在体育锻炼过程中，自然界的各种因素也会对人体产生作用，如日光的照射、空气和温度的变化以及水的刺激等，都会使人体提高对外界环境的适应力。

所以，经常参加体育运动的人，不仅身体壮实，而且活泼、聪明，反应敏捷，接受新事物也快，平时极少生病。体育运动还能使人体态健美。

根据思维导图原则，可试着画一幅健身的思维导图。

第二节

运动能让你身心健康

科学研究发现，运动可以改善人的心理状态，消除忧郁沮丧等不良情绪，达到增强身心健康的作用。旅游、栽花、散步是有效地解除不良情绪的好办法；赛球、健美操、登山、跳舞等集体性娱乐活动，可以使机体神经和肌肉松弛，迅速消除紧张和忧郁，并产生欢快感。

人体是一个整体，人的健康与情绪有密切关系。要想保持愉快稳定的情绪和健康的心理状态，更好地适应外部环境的变化，那就请运动吧，相信运动会给你带来意外的收获。

运动是消除心中忧郁的一种好方法。体育活动一方面可使注意力集中到活动中去，转移和减轻原来的精神压力和消极情绪；另一方面还可以加速血液循环，加深肺部呼吸，使紧张情绪得到放松。因此，应该积极参加体育活动。

运动可使人心情愉快，轻松活泼，在振奋心情上比服用任何良药都更有效。研究证明，情绪和情感是客观刺激物影响大脑皮质活动的结果。在情绪活动中机体所发生的外在表现和内在变化是与神经系统多种水平的机能相联系的，是大脑皮层和皮层下中枢协同活动的结果。

通过体育运动如跑步、疾走、游泳、打羽毛球、排球、篮球、足球、骑自行车、登山等能加强心搏，促进血液循环及消化系统的新陈代谢，使大脑得到充分的氧气和营养物质，能使大脑皮质的兴奋和抑制恢复平静，从而达到改善不佳心情的目的。这些运动应每周坚持3~5天，每次至少30分钟。

运动不仅影响生理参数，也影响性格特征，尤其对情绪的稳定有很大作用。参加体育活动可以使人精神高度集中，是控制精神紧张和心理失调的有效途径。它们有助于消除过度紧张和疏导被压抑的精力，对于解除或减轻不佳心情，保持心理健康是很有

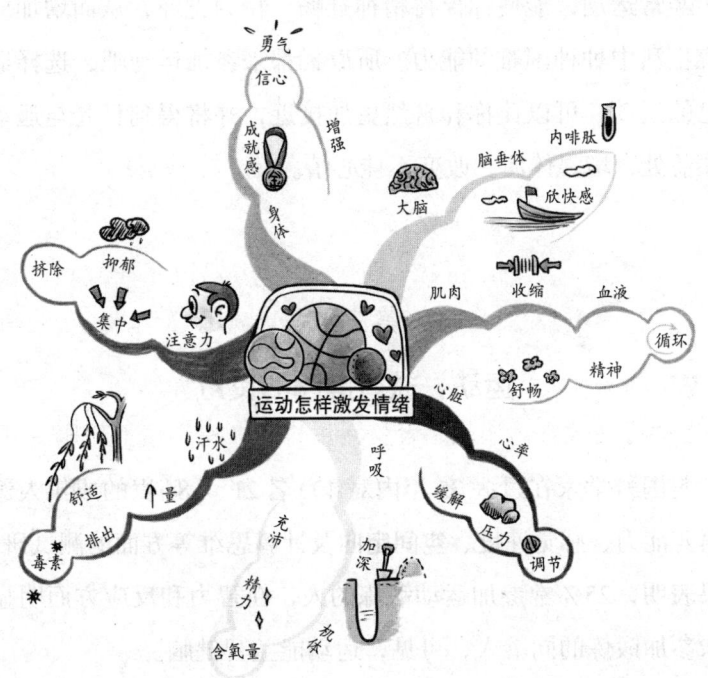

益的。参加体育竞技，可以为不良情绪提供一个"排泄口"，使遭到挫折而产生的冲动提升为向前的动力。

因此，对社会生活中受到不平等待遇的人以及向往公平竞争的人们来说，运动场无疑是一个很好的发泄场所和实现自己理想的场所。一些心理学家通过大量研究肯定了体育运动对情绪的排泄作用。

这些学者们认为，体育运动不仅仅是消闲或锻炼身体，它还具有心理医疗的价值。它像一种净化剂，通过社会认可的渠道，使参加者被压抑的情感和精力得到宣泄和升华，从而使受伤的心灵得以痊愈。

经常运动，能使你保持精神舒畅、精力充沛，从而增加应付现实生活中种种困难的能力。所以，都来参加运动吧，选择适合自己的运动，可以让你和自然更加接近，并将得到日光与运动的叠加益处，增强体质，改变不佳心情。

第三节

运动，益智健脑的良方

美国科学家在过去35年内对400名21~84岁的成年人进行了语言能力、感觉速度、空间定向及计算思维等方面的测试研究。结果表明，25%常参加运动锻炼的人，在智力和反应方面明显高于未参加锻炼的同龄人，可见，运动能益智健脑。

运动锻炼何以能益智健脑?

运动可提高血糖含量。大脑活动所需的能量主要来源于糖。大脑本身储备糖极少,只有当人体血液每100毫升中血糖达120毫克时,脑功能活动才能正常,如果血糖降至每100毫升50毫克左右时,人就会疲乏、思维迟钝、工作效率下降。食物是血糖的供给源,运动能使人食欲大增,消化功能增强,可促进食物中淀粉转化为葡萄糖,并源源不断地提供给脑神经细胞使用。

大脑需要氧气和其他营养物质。科学实验表明,常从事运动的人,心脑血管会更具有弹性,血液循环也更加通畅。研究数据显示,喜欢运动的人血液循环量比一般人高出2倍,这样能够向大脑组织提供更充足的氧气和营养物质,使大脑活动更自如,思维更敏捷。

运动也是一种积极的休息方式。适量运动时运动中枢兴奋,可有效快速地抑制思维中枢,使其得到积极的休息。

有人做过实验:思考的神经连续工作2小时,然后停下来休息,至少需要20分钟才能消除疲劳,而用运动方式则只需5分钟疲劳就消除了。说明运动确能使大脑的紧张状态得到缓解。这有助于大脑思维功能的合理应用,促使工作学习效率提高。

运动促使大脑释放一些有益的生化物质如内啡肽等。这些物质对促进人的思维和智力大有益处。

为了让自己更加聪明、灵活,请多多参加体育锻炼吧!这是益智健脑的最佳选择。

第四节

思维导图激活你的身体潜能

身体潜能就是你身体中潜在的能量,它与心理潜能一起,构成人的潜能系统。潜能并不神秘,它乃是人的身体、心理发展的前提条件或可能性。

科学家告诉我们,人的身体中存在巨大潜能,充分挖掘这种潜能,是使人得到全面提高的重要途径。身体潜能是一个有机系统,它与兴趣、欲望、本能、情感、精神、意志、性格等诸多内在因素融合为一体,需要我们用科学的方法来进行挖掘。

对于每一个人来说,充分发掘、利用自己的身体潜能,是创造积极人生、走向成功的重要条件。

思维导图的诞生,使得我们激活自己的身体潜能有了科学的、系统的方法,让我们从重新审视自己的身体开始,全面地思考一下有关身体健康、心理健康的问题,做出能够使我们的身体潜能充分被发掘的思维导图,对自己来一番脱胎换骨的改造吧!

1. 重新审视你的身体

如果有人问你:你了解自己的身体吗?你肯定会说,当然了解!但听了下面这个故事,你也许会怀疑自己的结论:

有一位老人,在年近60岁马上面临退休之际,获得了一次到西藏出差的机会,他感到自己很幸运,高兴地去了,想趁此机会好好地观光一下。

这天,当他在拉萨的小巷里闲逛的时候,突然听到身后传来一阵低沉的吼叫声,转身一看,一条牛犊大小的浑身披着黝黑色长毛的藏獒,一边吼叫着一边向他奔来。

他吓得冷汗一下冒出来,拼命地沿着小巷向前奔跑,藏獒在身后紧追不舍,就在马上就要扑到他身上的危急时刻,他看到眼前出现了一堵墙,天哪,原来这是一个没有出口的死胡同!这时,藏獒呼呼的喘息声他已经听得清清楚楚,他的大脑里此时只有一个念头:逃!

他闭着眼纵身一跳,竟然跳上了那个一人多高的墙头!藏獒向上扑了几次,都没能扑到他,悻悻地走了。

当他返家后把这个惊险的故事讲给家人听的时候,大家都惊呆了:他一向身体比较瘦弱,也不爱锻炼,由于有比较严重的哮喘病,每年都要入院治疗一两次,让他纵身跃上一人多高的墙头,这是大家想也不敢想的事呀!

我们可能都听到过类似的故事:情急之下,人确实能爆发出他自己也不敢想象的巨大潜能;我们也看到过很多科学家报告的他们的研究成果,证明在人类的身体中还有很多潜能没有被挖掘出来:比如人类脑细胞的使用比例只有百分之几,人类的平均寿命只有应达寿命的 1/2 左右,人类的记忆能力、计算能力、创造能力如果得到科学发掘还可大幅度提高等。

2. 你是最神奇的，最可贵的

有人曾经做过一个调查，向不同年龄、不同行业的人提出一个问题：你认为这个世界上什么动物最神奇？答案是五花八门的——有人说是感觉灵敏、善解人意的狗，有人说是能飞越大洋、跋涉万里而从不迷路的鸿雁，有人说是矫健无比的"美丽杀手"美洲豹，有的则说当之无愧者应是历经劫难仍能顽强生存，且有惊人的繁殖能力的蟑螂……

听完他们那饶有兴致的诉说后，我们应该用最肯定的语调向他们说道："不，不对，你应该知道，大自然中，最神奇、最可贵的动物应该是人！就是你，就是我，就是我们每一个人！"

是的，不知你是否认真想过，我们人类的身体是世界上最精密、最复杂、最神奇的构造，且不用说人类创造的科学技术、文学艺术、社会管理等的巨大社会成果是其他动物的能力根本达不到，也不可想象的，就是人类最常见、也是最可爱的一个表情——笑，也是所有的其他动物无论经过怎样的训练也学不会的。

人的大脑共有100亿~150亿个神经细胞，每天能记录大约8600万条信息。据估计，人的一生能凭记忆储存100万亿条信息。每一秒钟，你的大脑进行着10万种不同的化学反应。根据神经学家的部分测量，大脑的神经细胞回路比今天全世界的电路线网络还要复杂1400多倍。但人的大脑和机器截然不同，它可能在运转中修复，在修复过程中照样运转。例如脑的某部分完全破坏后，另一部分经过训练可以代替损坏部分的功能。

一个成人体内共有 1000 多万亿个细胞。最大的是卵细胞，直径约 200 微米。人体皮肤约有 500 万个毛囊，200 多万个汗腺。皮脂腺一昼夜可分泌 20～40 克皮脂。人的头发有 10 万根，每天要长 0.35 毫米；一个健康人 24 小时内要掉 30～40 根头发，如不再生 10 年后就可成为光头。

其实每个人都应该认识到，我们的躯体，不仅仅是受之于父母，也是受之于我们人类的祖先——想当年我们人类仅仅是四肢着地行走、没有语言、不会制造使用工具的类人猿，可经过数万代人对身体不懈的开发而形成的进化，使今天的现代人的身体构造与当年的类人猿相比已经发生了很大的变化。

想想吧，能够生在今天、拥有如此珍贵的身体的我们，更应该好好地保护自己，努力地开发自己，以不枉此生，以不愧对后人！

3. 准确评价你的健康状况

我们的身体如此珍贵，相信每个人都想好好保护它，使它健康而充满活力。当然，身体越健康，它的潜能也才能被更大程度地激活和挖掘。但问题是，你是否对自己的健康状况进行过科学、准确的评价呢？

世界卫生组织对健康的定义是：没有疾病和身体强壮，而且人的生理和心理状况与社会处于完全适应的完美状态。为了进一步使人们完整和准确理解健康的概念，世界卫生组织规定了衡量一个人是否健康的大准则：

（1）有充沛的精力，能从容不迫地担负日常生活和繁重工作，而且不感到过分紧张与疲劳；

（2）处事乐观，态度积极，乐于承担责任，事无大小，不挑剔；

（3）善于休息，睡眠好；

（4）应变能力强，能适应外界环境的各种变化；

（5）能够抵抗一般性感冒和传染病；

（6）体重适当，身体匀称，站立时，头、肩、臂位置协调；

（7）眼睛明亮，反应敏捷，眼睑不易发炎；

（8）牙齿清洁，无龋齿，不疼痛；牙龈颜色正常，无出血现象；

（9）头发有光泽，无头屑；

（10）肌肉丰满，皮肤有弹性。

根据有关专业人员的调查：人群中符合世界卫生组织健康标准者约占15%，患有各种疾病者也约占15%，而处于亚健康状态者却占65%左右。亚健康状态是指无器质性病变的一些功能性改变。它是人体处于健康和疾病之间的过渡阶段，在身体上、心理上没有疾病，但主观上却有许多不适的症状表现和心理体验。

另据世界卫生组织研究报告：人类1/3的疾病通过预防保健是可以避免的，1/3的疾病通过早期的发现是可以得到有效控制的，1/3的疾病通过信息的有效沟通能够提高治疗效果。因此，我们对健康的维护不仅仅是对疾病的治疗，更重要的是在疾病没有到来之前的"防患"。

第五节

有氧运动是你的最佳选择

一位法国医学家蒂素曾经说过:"运动的作用可以代替药物,但所有的药物都不能代替运动。"其实这里的运动指的是有氧运动而不是无氧运动。

所谓"有氧运动",就是指能增强体内氧气的吸入、运送及利用的耐久性运动。在整个运动过程中,人体吸入的氧气和人体所需要的氧气量基本相等,即吸入的氧气量基本满足体内氧气的消耗量,没有缺氧的情况存在。

有氧运动的特点是强度低,有节奏,不中断,持续时间长,方便易行,容易坚持。它在增强人体体质方面有如下优势:

1. 有氧运动是最好的减肥运动方式

它能直接消耗脂肪,使脂肪转化成能量被机体组织消耗掉。据医生长期观察发现,减肥者如果在合理安排食物的同时,结合有氧运动,不仅减肥能成功,并且减肥后的体重也会得到巩固。

2. 有氧运动促进人体代谢活动

有氧代谢运动使人体肌肉获得比平常高出8倍的氧气,从而使血液中的蛋白质增多,供应全身营养物质充足,使人体内免疫细胞增多,促进人体新陈代谢,使人体内的致癌物及其有害物质、毒素等及时排出体外，减少了机体的致癌因子和致病因子，保证了健康。

3. 有氧运动延缓了人体组织衰老

有氧代谢运动可明显提高大脑皮层和心肺系统的机能，促使周围神经系统保持充沛的活力，并且使体内具有抗衰老的物质数量增加，推迟肌肉、心脏以及其他各器官生理功能的衰老和退化，从而延缓了机体组织的衰老进程。

4. 有氧运动提高身体机能素质

它可以提高人体耐力素质，发展练习者的柔韧、力量等身体素质。

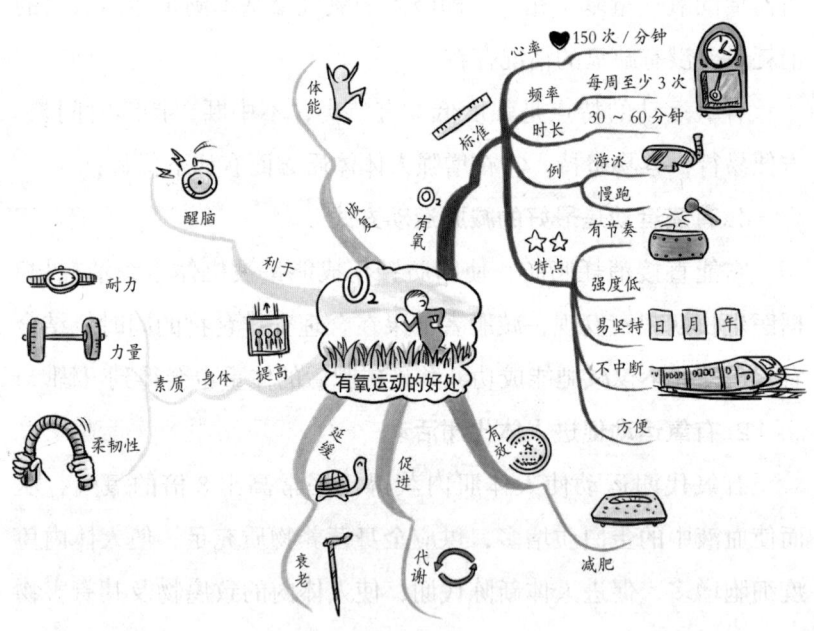

5. 有氧运动对于脑力劳动者非常有益

加拿大多伦多大学健康教育家莱斯通过对 800 人的长期观察和 300 多个有关实验发现，当人们感到大脑疲劳时，到室外跑步，可以使大脑的功能恢复到 58%，而不做运动改吃药的话，大脑的功能只能恢复到 40%～50%。有人便总结出来：慢跑是最佳的有氧运动，对醒脑有奇效。

6. 有氧运动具备恢复体能的功效

这是一种积极的恢复方式。如果人们在非常疲劳的时候，加入一个令人兴奋的健康群体里进行健身运动，对未来的情绪及体力的调整最为明显。如在健身房中伴着优美的音乐做有节奏的健身运动等。

"无氧运动"则是指高强度剧烈运动，运动过程中氧气的吸入量不能满足身体的需要，人体处于缺氧状态，无氧运动对糖尿病人来说不太适宜。

有氧运动锻炼，应当掌握适当的运动量，一般每周应至少参加 3 次，每次持续 30 分钟以上。年龄不同的人其运动强度也应有所区别，最适宜的强度是：20～30 岁的人，运动时心率应维持在 140～160 次/分；40～50 岁的人，运动时心率应维持在 120～135 次/分；60 岁以上的老年人，运动时心率应控制在 100～124 次/分之间。

在选择有氧代谢的运动项目方面，也要根据年龄和体质，因人而异。一般来说，20～30 岁的人，可选择强度稍大，具有冲击力的有氧运动项目，如：12分钟跑、障碍跑、武术、篮球、足球等；30～40岁的人可选择爬山、自行车、健美操运动等；40～50岁的人可选择健步走、慢跑、爬台阶等；50～60岁的人可选择游泳、打保龄球等；60岁以上的老年人可以选择一些轻松平缓、无拘无束、运动量不大的运动项目，如散步、轻快步行、太极等。

第六节

做出改善身体健康状况的思维导图

通过你在上一节中对自己身体的一番评价，相信你已经判断出自己是处在健康、患病还是亚健康状态了吧。

如果你确认自己是处在健康状态，那的确应该受到恭喜，但根据世界卫生组织的有关调查情况来看，世界上80%以上的人都处在亚健康和患病的状态，何况今天的健康者明天也有可能会患病，所以，我们每个人都有必要为自己绘制一张能够不断改善身体健康状况的思维导图。

为了使你绘制的思维导图科学、周密、行之有效，建议在绘制之前要根据自己的实际情况学习一些有关的医学保健知识。学习的方法大致有以下几种：

（1）系统地学习卫生保健知识。由于人体保健知识的面很宽，有关的内容很多，需要学习者投入较多的时间和精力。

（2）根据自己的健康状况学习有关的卫生保健知识。比如糖尿病人首先学习有关糖尿病的治疗知识，孕妇学习孕期的保健知识等。

（3）根据自己所处的生理阶段学习有关的卫生保健知识。比如青少年学习青春发育期的卫生保健知识，中年人学习更年期的卫生保健知识。

（4）学习适应面比较广的卫生保健知识。比如如何建立平衡科学的膳食、如何减轻自己的亚健康症状、如何挑选适合自己的锻炼方式等。

在掌握了必要的卫生保健知识后，你就可以根据自己的身体健康状况绘制一张能够不断改善你的身体健康状况的思维导图了。

获得均衡全面的营养是激活身体潜能的物质基础。为了激发身体潜能还必须注意吸收人体必需的六大营养素。

如果把人体比喻为一架非常精确、非常复杂的机器，那么营养素就是使折价机器能够正常运转的能源和润滑油。营养素的来源是靠我们每天摄取的食物中获得的，它能够满足人类用于修补旧组织、增生新组织、产生能量和维持生理活动的需要。

食物中可以被人体吸收利用的物质叫营养素。目前已知的40多种营养素可以被分为6大类，即蛋白质、脂肪、碳水化合物、维生素、矿物质和水，这就是人体所必需的6大营养素。前三者因为在体内代谢后产生能量，故又称产能营养素。

（1）蛋白质。如果把人体当作一座建筑物，那么蛋白质就是构成这座大厦的建筑材料。人体的重要组成成分：血液、肌肉、神经、皮肤、毛发等都是由蛋白质构成的；蛋白质还参与组织的更新和修复；调节人体的生理活动，增强抵抗力等。

（2）脂肪。是组成人体组织细胞的一个重要组成成分，它被人体吸收后供给热量，是同等量蛋白质或碳水化合物供给能量的2倍，是人体内能量供应的重要的贮备形式；脂肪还有利于脂溶性维生素的吸收，维持人体正常的生理功能；体表脂肪可隔热保温，减少体热散失，支持、保护体内各种脏器，以及关节等不受损伤。

（3）碳水化合物。是人体最主要的热量来源，参与许多生命活动，是细胞膜及不少组织的组成部分；可维持正常的神经功能；促进脂肪、蛋白质在体内的代谢作用。

（4）维生素。是维持人体正常生理功能必需的一类化合物，它们不提供能量，也不是机体的构造成分，但膳食中绝对不可缺少，如某种维生素长期缺乏或不足，即可引起代谢紊乱，以及出现病理状态而形成维生素缺乏症。

（5）矿物质。是人类不可缺少的又一类营养素，它包括人体所需的元素，如钙、磷、铁、锌、铜等。矿物质是构成人体组织的重要原料，帮助调节体内酸碱平衡、肌肉收缩、神经反应等。

（6）水。是人类和动物（包括所有生物）赖以生存的重要条件。水可以运转生命必需的各种物质及排除体内不需要的代谢产物；促进体内的一切化学反应；通过水分蒸发及汗液分泌散发大量的热量来调节体温；关节滑液、呼吸道及胃肠道黏液均有良好的润滑作用，泪液可防止眼睛干燥，唾液有利于咽部湿润及吞咽食物。

了解了以上人体所需要的营养和相关知识后，你可以试着画出改善自己身体健康状况的思维导图。

第七节

运动也要"量体裁衣"

人们往往根据自己的兴趣选择运动方式，但常常并不适合自己，从而造成更大的伤害。健康专家认为，不同人群应该根据自身特点，选择不同的运动方式，即所谓的"运动处方"。

量体裁衣制定"运动处方"，要根据自己的年龄、身体结构、身体状况等，按个体差异，为自己设计一个适合自己的"运动处方"，以达到强身健体的目的。

首先从年龄方面考虑，要选择符合自己年龄阶段的运动方式。

1. 20 岁左右

这个时段身体功能处于鼎盛时期，心律、肺活量、骨骼的灵敏度、稳定性及弹性等各方面均达到最佳状态。从运动医学角度讲，这个时期运动量不足比运动量偏高更对身体不利。

锻炼可隔天进行一次，每次 20～30 分钟增强体力的锻炼，方法是试举重物，负荷量为极限肌力的 60%，一直练到肌肉觉得疲劳为止。如多次练习并不觉得累，可以加大器械重量 10%，必须使主要肌群都得到锻炼。20 分钟的心血管系统锻炼，方法是慢跑、游泳、骑自行车等，强度为脉搏 150～170 次／分钟。这些运动能消耗大量的热量，强化全身肌肉，并能提高耐力与手眼的协调性。

2. 30 岁左右

此时段人的身体功能已超越了顶峰。这时如忽视身体锻炼，对耐力非常重要的摄氧量会逐渐下降。此时身体的关节常会发出一些响声，这是关节病的先兆。为了使关节保持较高的柔韧性，应多做伸展运动，还要注意心血管系统的锻炼。锻炼隔天一次，每次进行 5～30 分钟的心血管系统锻炼，强度不要像 20 岁时那样大。20 分钟增强体力的锻炼，与 20 岁时相比，试举的重量要轻一些，但做的次数可多一些。5～10 分钟的伸展运动，重点是背部和腿部肌肉。

方法是：仰卧，尽量将两膝提拉到胸部，坚持 30 秒钟；仰卧，两腿分别上举，尽量举高，保持 30 秒钟。这个年龄阶段的人可以选择攀岩、滑冰、武术或踏板运动来健身，除了减重，这些运动能加强肌肉弹性，特别是臂部与腿部的肌肉，还有助于加强活力、耐力，能改善你的平衡感、协调感与灵敏度。

3. 40 岁左右

超过 40 岁的人选择运动项目不仅应有利于保持良好的体型，而且能预防常见的老年性疾病，如高血压、心血管疾病等。

锻炼每星期进行两次，内容包括：25 ~ 30 分钟的心血管锻炼，中等强度，如慢跑、游泳、骑自行车等。10 ~ 15 分钟的器械练习，器械重量要比 30 岁时的轻一些，重量太大会损害健康，但次数不妨多些。

为防止意外，最好不使用哑铃，而用健身器械。5 ~ 10 分钟的伸展运动，尤其要注意活动各关节和那些易于萎缩的肌肉。周三加一次 45 分钟增强体力的锻炼，不借助器械，可用俯卧撑、半蹲等，重复多组，每组约 20 次，数量依自己的承受力而定。

40 岁左右的人应选择具有低冲击力的有氧运动，如爬楼梯、网球等运动。

4. 50 岁左右

应选择游泳、重量训练、划船以及高尔夫球。

5. 60 岁以后

应该多散步、跳交际舞、练瑜伽或进行水中有氧运动等。正如美国健身专家约翰·杜尔勒《身体、思维及运动》一书中解释他的健康生活观念时所说："人与生俱来便各自不同，个人的身体类型显示不同的遗传因素，不同的身体构造对不同的运动都会产生一定的影响。"

如果你觉得游泳很沉闷，又不想常到健身房跳健身舞，或者对打网球没有好感，可能这些都是不适合你的运动。要解决这个问题其实很简单，关键在于界定你所属的思维——身体类型，再根据你的特别需要，选择要做的运动。

健身运动的窍门在于根据你的身体状况，要留意身体何时感觉舒服与痛楚。杜尔勒说："运动不应有伤身体；只要选择与你身体适合的运动，并持之以恒，就有可能改变你的一生。"

处于不同病态的人也要选择符合自己的运动处方，在进行锻炼时一定要考虑自身的健康状况。

1. 糖尿病人的运动处方

步行、慢跑、游泳和骑自行车等。强度控制在最大心率的50%~70%范围内。频度为每周5~7次，每天运动时间为40~60分钟。

2. 肥胖病人的运动处方

每天坚持30分钟以上中等强度的运动。体重较大的病人过度运动会损伤关节，最好采用游泳等锻炼形式。

3. 高血压病人的运动处方

血压稳定的病人可每天参加20~30分钟的步行、游泳、打太极拳、骑自行车等运动锻炼。有并发症的病人应根据医生的指导进行锻炼。

4. 骨质疏松病人的运动处方

严重骨质疏松的病人运动量和形式不当，可能导致骨折发生，也可能损伤关节。轻中度病人可多参加直立着地运动，重度病人应根据医生指导进行特殊形式的锻炼，卧床病人做被动运动。

5. 冠心病病人的运动处方

冠心病病人应适量运动，促进冠状动脉的侧支循环，减低心肌梗死的死亡率和复发率。运动量和时间要循序渐进，运动前要做充分的准备活动和整理活动。

运动时放点音乐，会使运动变得更有乐趣。一边运动，一边欣赏音乐，使注意力不总是落在运动的"辛苦"上。那些能伴随音乐节奏进行的运动，既锻炼身体，也是一种令人愉悦的享受。

第八节

步行，最完美的运动方式

世界卫生组织经过充分的研究，从对中老年人安全有效、保健防病的角度出发，于1992年提出：最好的运动是步行。

当今世界群众体育锻炼的观念发生了急剧的变化，健身的方法趋向于科学、安全、简单化。

以往许多人认为，不吃苦就练不好身体，现在人们则认为，过多、过于剧烈的运动对健康未必有益，而适度的运动已成为一种时尚，这就是目前在国际上较为流行的有氧代谢耐力运动，如步行、跑步、骑自行车、登楼梯、健身操、跳绳、打太极拳等，在这诸多运动中，步行是世界卫生组织指出的世界上最好的运动。

步行对健身有6点好处：

（1）步行是可以长期坚持的锻炼方式，它不受时间、地点限制，动作缓和，不易受伤，因此"走为百练之祖"。步行健身的人与坐着的人相比，肺活量较大。

（2）步行健身是增强心脏功能的有效手段之一。大步疾走可使心脏跳动加快，心搏量增加，血流加速，对心脏是一种很好的锻炼。如果心率能达到每分钟110次，保持10分钟以上，则心肌与血管的韧性与强度大有增进，从而减少心肌梗死与心脏衰竭病的发作。

（3）步行健身在预防肥胖和减肥方面有明显益处。长时间步行和大步疾走，能增加能量的消耗，促使体内脂肪的利用，起到很好的减肥作用。

（4）步行锻炼还有助于促进人体内糖类代谢的正常化。饭前饭后散步是防治糖尿病的有效措施，研究结果表明，中老年人如果以每小时3公里速度散步1～2小时，代谢率可提高50%。

（5）步行是一种需要承受体重的锻炼，有助于延缓和防止骨质疏松症，延缓退行性关节的变化，预防和消除关节炎的某些症状。

（6）能促进食欲和消化，从而增加营养的摄取量。

步行虽然是很好的运动方式，但也要掌握一些要领。

首先要掌握三个字：三、五、七。具体地讲就是最好一次要

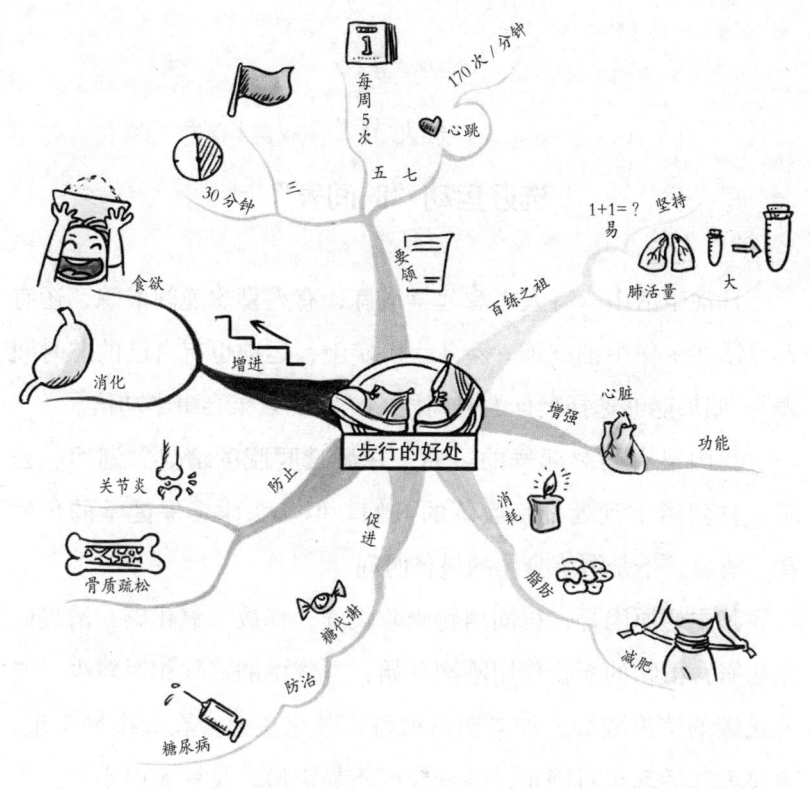

走 3 公里（大约为 8000 步），时间在 30 分钟以上；一个礼拜最少运动 5 次；运动后心跳要达到 170 次 / 分钟。这个数字的计算是用运动后的心跳次数加年龄得出来的。如 50 岁的话，应运动到心跳 120 次 / 分钟为最佳状态。身体好的可以多一些，身体差的可以少一些。另外，步行运动也要做到适量，过量运动对身体是有害的，甚至会造成猝死。

第九节

选好运动"时间表"

日常生活中,有人喜欢起早锻炼,有人喜欢晚间锻炼,还有人习惯在工作中抽空练一会儿。事实上,运动也有自己的"时间表",如果能够选择最佳的时间段,运动的效果会事半功倍。

我国早有闻鸡起舞的习惯,在晨曦朦胧的清晨,湖边、公园、林荫道上到处都是晨练的人们。但从医学、保健学的角度看,清晨并不是锻炼身体的最佳时间。

其主要原因是,夜间植物吸收氧气,释放二氧化碳,清晨阳光初露,植物的光合作用刚刚开始,空气中的氧气相对较少,二氧化碳的浓度较高。如果更早锻炼,效果更差。在大中城市里,清晨大气活动相对静止,各种废气不易消散,是一天中空气污染较严重的时间。

另外,从人体的生理变化规律来看,人经过一夜的睡眠,体内的水分随着呼吸道、皮肤和便溺等丢失,机体的水分入不敷出,使全身组织器官以至细胞都处于相对的失水状态。当机体水合状态不良时,由于循环血量减少,血液黏稠度增加,轻者会影响全身血液循环的速度,不能满足机体在运动时对肌肉组织的供血供氧,因而运动时易出现心率加快、心慌气短、体温升高现象，严重时，特别是在身体有疾患的情况下，突然由静止状态转为激烈运动状态易诱发血栓及心肌梗死。

从心脑血管疾病的发病时间和病人的死亡时间来看，患心脑血管疾病的病人在早晨6～8时之间死亡的占较大比例。从早晨醒来以后到上午10时，可以说是心脑血管疾病的高发时间。从早晨6时左右，人的血压开始增高，心率也逐渐加快，到上午10时左右达到最高峰，此时若有剧烈活动最易发生意外。研究发现，心脏的冠状动脉血流量，在早晨最少，最容易导致心脏供血不足。研究还发现，血小板的聚集力自早晨6～9时明显增强，血液的黏稠度也增加，因而最容易引起心脑血管梗死。

那么一天中运动的最佳时间是什么时候呢？

是傍晚。因为一天内，人体血小板的含量有一定的变化规律，下午和傍晚的血小板量比早晨低20%左右，血液黏稠度降低6%，早晨易造成血液循环不畅和心脏病发作的危险，而下午以后这个危险的发生率则降低很多。

傍晚时分，人体已经经过了大半天的活动，对运动的反应最好，吸氧量最大。另外，心脏跳动和血压的调节以下午5～6时最为平衡，机体嗅觉、触觉、视觉也在下午5～7时最敏感。

不过，说运动的最佳时间在傍晚，不是说大家只能在傍晚活动，运动是人性化的活动，融合了人的生理、心理、习惯等多方面的因素，而这些都会对身体活动的效果产生影响，我们上面所说的一天中的最佳运动时间是指对一般生理因素而言的。

每个人的性情、作息习惯及工作性质有别，不能要求人人都能在这个时间锻炼。运动的关键是能形成习惯，如果能根据自己的心理和作息规律，选择一天中固定的时间进行运动，并形成运动的习惯，能持之以恒坚持下去，都会对身体有益。如果条件许可，形成在傍晚锻炼的习惯，将是最佳的选择。

需要注意的是，有几个时间段不宜运动：

（1）进餐后。

进餐后需要较多的血液流向胃肠道，帮助消化食物、吸收养分。

如果此时运动，就会使血液流向四肢，影响人体的消化。长此以往，胃肠功能受到损害，易患胃肠疾病；老年人与体弱者进餐后易发生餐后低血压，大脑供血相对减少，外出活动时易跌倒；患有肝、胆疾病的人餐后运动，影响肝脏分泌胆汁，可能使病情加重。

因此，应对俗话说的"饭后百步走"稍加修正，即最好进餐后休息 30～45 分钟再到户外活动。

（2）饮酒后。

如果这时去运动，不但影响肝脏分解酒精的速度，与此同时，酒精通过血液循环会加速进入大脑、肝脏等器官，对其功能产生不良影响。

（3）情绪差。

运动时应保持乐观的心情，当生气、悲伤时，尽可能不要做激烈的运动。因为人的情绪直接影响着身体的生理机能，激烈的运动会影响器官功能的发挥。但可以参加一些强度不大的、非竞赛性、非身体对抗性的有氧运动，如慢跑、游泳、羽毛球等。

第十节
反常运动的健康奇迹

习惯了遵循太多规则的我们，现在选择反常。反常地走、反常地跑、反常地笑……反出健康、反出美丽、反出一个新的自我！

反常运动能创造健康的奇迹，那么反常运动具体有哪些呢？下面我们来一一为您揭晓：

1. 赤足行——激活你的"第二心脏"

根据生物全息理论，足底是很多内脏器官的反射区，被称为人的"第二心脏"。赤脚走路时，地面和物体对足底的刺激有类似按摩、推拿的作用，能增强神经末梢的敏感度，把信号迅速传入内脏器官和大脑皮层，调节植物神经系统和内分泌系统。

另外，经常使双脚裸露在新鲜空气和阳光中，还有利于足部汗液的分泌和蒸发，增进末梢血液循环，提高抵抗力和耐寒能力，预防感冒或腹泻等症。赤足走的另一种功效是释放人体内积存过多的静电。对于幼儿来说，足底皮肤与地面的摩擦还可增强足底肌肉和韧带的力量，有利于足弓的形成，避免扁平足。

2. 倒走——加强对小脑的锻炼

我们习惯于向前走,但这使肌肉分为经常活动和不经常活动两个部分,影响了整体的平衡。其实早在古籍《山海经》中就有了关于倒走的记载,道家人士也常以此法健身。

倒走与向前走使用的肌群不同,可以弥补后者的不足,给不常活动的肌肉以刺激。现代医学研究证实,倒走可以锻炼腰脊肌、股四头肌和踝膝关节周围的肌肉、韧带等,从而调整脊柱、肢体的运动功能,促进血液循环。

长期坚持倒走对腰腿酸痛、抽筋、肌肉萎缩、关节炎等有良好的辅助治疗效果。

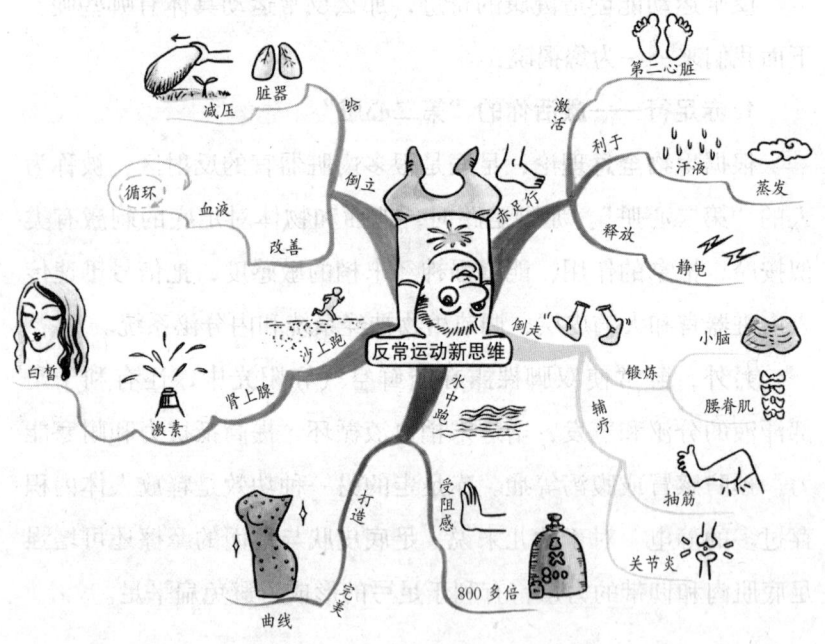

更重要的是，由于倒走属于不自然的活动方式，可以锻炼小脑对方向的判断和对人体的协调功能。对于青少年来说，倒走时为了保持平衡，背部脊椎必须伸展，还有预防驼背的功效。

3. 水中跑——打造完美生理曲线

人在水中活动的受阻感是在空气中的 800 多倍，水的散热性也远大于空气，是空气的 28 倍多。若完成同样的动作，人在水中与在陆地相比要多用 6 倍以上的力气，消耗的热量也是在陆地上的 3 倍多。因此，水中跑能大大促进人体新陈代谢，加快体内糖原分解，防止脂肪过分堆积，同时能增强食欲、促进消化吸收。

由于水中跑还可以调节神经系统功能、减轻疲劳，所以对预防神经衰弱、改善脑部血液循环、防止动脉硬化也很有效果。另外，水流的按摩作用还能减少肌肤的松弛与老化，使肌肤光洁、富有弹性。长期坚持水中跑还可以调节人的姿势与脊柱的生理弯曲，打造完美的生理曲线。

4. 沙上跑——愈跑愈白皙

沙上跑与赤足行有异曲同工之妙，二者都强调对足底的刺激。在粒粒细沙上慢跑能刺激副肾上腺组织，促进激素分泌，使肌肤变得白皙而富有光泽。而且时机最好选在热浴之后，因为热浴后的足底对体内"信号"的传递更为敏感。如果你恰好与大海为邻，可以每天早晨或傍晚在沙滩上跑两三分钟。如果你担心在沙滩上慢跑会晒黑皮肤，可以在室内设计一间沙屋。目前，在英国已出现许多家庭内沙屋运动俱乐部。

5. 倒立——给脏器减压

倒立对人体来说是一种逆反姿态。倒立时全身各关节、器官所承受的压力减弱或消除，某些部位肌肉松弛，同时血液加快涌向头部，可对因站立引起的各种病痛起到预防作用，并且改善血液循环，增强内脏功能，起到松弛肌体的健身效果。

思考是智慧，反思是爱智慧，倒立是反思的一种体姿。倒立时不仅有机会锻炼身体，还有机会反思自己的健康和人生。倒立行就是在前进中不断地反思，这大概就是身心健康的结合点吧。人们都说，患难兄弟，手足情深，我们现在让手来体会一下足的辛苦，让手足换位思考，知道在哪儿干都不容易。

我们需要注意的是，做反常运动如水中跑时要热身后再进入水中；赤脚走路时不要踩到尖锐物；倒走时不要向后扭头，不要跌倒；倒立时注意手部不要受伤，并且心血管疾病患者不宜进行。

第十一节
"轻体育"+交替运动让自己时尚起来

"轻体育"也称"轻松体育"或"快乐体育"，是欧美体育学者新近提出的一种大众健身运动形式，它对人的健康非常有益，大家不妨试一试。

"轻体育"的宗旨是静不如"动"，这是"轻体育"概念的精髓所在。"轻体育"概念提倡利用一切可以利用的时空，让身体获得轻度的运动。崇尚"轻体育"概念的人认为，动比静好，轻度运动比中、重度运动好。轻度运动对于身体免疫功能的促进效果比中、重度运动要好。

"轻体育"几乎没有什么约定俗成的固定运动方式，它更像一种概念，引导你利用一切可利用的时间、地点，为自己添加一点运动量。

慢走，是其中最让人乐于接受的方式之一。你不必特意为它安排时间，在你出去买东西、外出公干、逛街时，你就可以顺便完成慢走锻炼。

听音乐时，你可以随节奏轻轻摇摆；站着说话时，你可以顺便做做扩胸运动。只要你领悟了"轻体育"的灵魂，任何运动形式都可以成为一种有效的健身方式。"轻体育"不追求运动量，而强调以调节身体功能为主；不要求大段完整的时间，主张利用茶余饭后的零散时间见缝插针地活动身体的关节部位，时间可长可短，完全依具体情况而定。而且，"轻体育"对技术和器械的要求极低，哪怕毫无运动基础的人，只要有健身愿望，就可以立即进入角色，然后只需按照自己的意愿运动就足够了，又没有什么经济负担可言。你可以单独活动，自己一个人静悄悄地进行，也可以在音乐的伴奏中活动，当然也可以集体活动。

健康专家认为，下列一些"轻体育"运动对人的健康非常有益，大家不妨试一试：

1. 原地高抬腿

站立原地后,双手握虚拳,双脚轮流提起,双臂随之自然摆动。可根据身体状况,选择提腿的高度和交换的速度。

2. 跐脚退步跑

先测量来回的步数,然后背向目标,目视前方,头正身直,双手握虚拳置于腰间,跐起双脚,小跑步向后退去,同时摆动双臂,默数步数。此法对腰肌劳损、腰椎病以及腰、腿、脚骨质增生等患者,尤有益处。

3. 强力登楼跑

以力所能及的速度不用扶手上下楼,下楼时亦可退行,但每次只能跨一节台阶。此法可增强人的肺活量,增大髋关节的活动幅度,使下肢肌肉得到锻炼,且能加强腰腹的肌肉活动,有消除赘肉、强筋壮骨之功效。

4. 旋转慢步跑

先在原地练习顺时针和逆时针旋转,不求快速只求匀速。一般能习惯于顺逆时针各转三圈,即可在跑步过程中不时旋转,并逐步增加旋转的频率和速度及圈数。旋转慢跑可产生一种离心力,可明显改善全身血液循环。

5. 赤足原地跑

地上放一块洗衣板或旧塑料澡盆,铺上一些小石子(鹅卵石),光脚在上面慢速原地跑,天冷可穿软底鞋或厚袜子。人的脚底有成千上万的神经末梢,与大脑紧密相连,以卵石或洗衣板

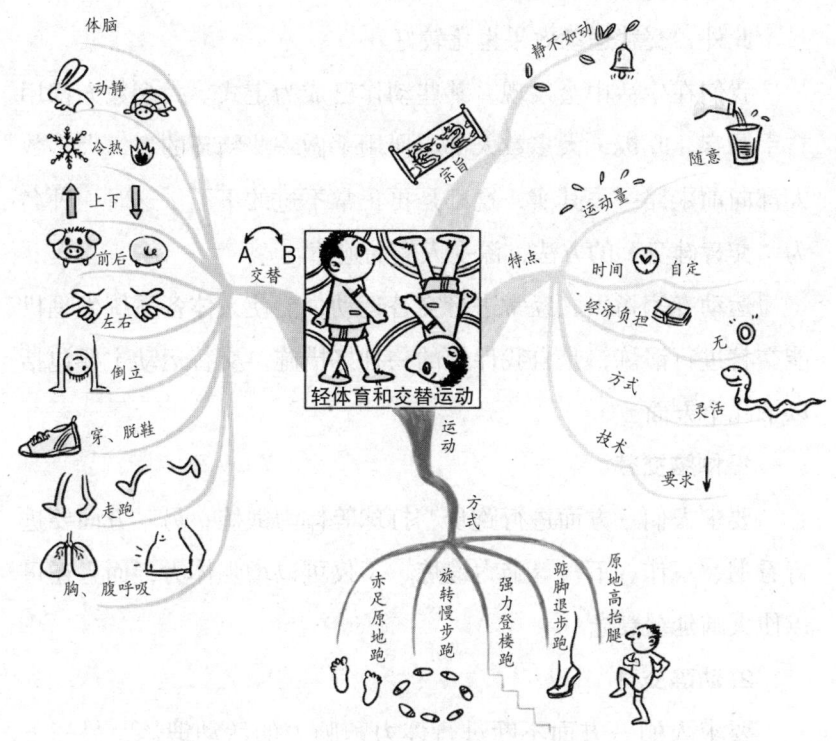

的凸出部位刺激双脚底，有较好的健身效果。

总之，只要你在有意识地轻微地"动"你的身体，你就已经在从事"轻体育"运动了。如果你能以"不以善小而不为"的态度持之以恒，在不知不觉中，就已经轻松惬意地完成了一项锻炼。

另外，"轻体育"不仅适合平时闲暇的人，而且特别适合为工作和生活而忙不迭的上班族们，因为轻体育时间要求松、运动方式活、技术要求低。

此外，交替运动效果也比较好。

我们在生活中会发现，某些动作已成为定式。大多数人都用右手写字、吃饭，大多数人都习惯用手做一些精巧的事，人多数人都向前走路……其实，这都是再正常不过的事了。这时一种名为"交替健身"的方法，深受人们的追捧。

运动专家指出，经常进行交替运动，能使人体各系统生理机能交替进行锻炼，是自我保健的一种好措施。交替运动主要包括以下几个方面：

1. 体脑交替

要求人们一方面进行跑步、打球等体力锻炼；另一方面要进行看书、写作、下棋等脑力锻炼。不仅可以增强体力，而且还可以使大脑延缓衰老。

2. 动静交替

要求人们一方面不断进行体力和脑力的活动锻炼；另一方面要求人们每天抽一定时间使体、脑都安静下来，让全身肌肉放松，去除头脑中的一些杂念，以利于调节全身的循环系统。

3. 冷热交替

冬泳和夏泳、冷水澡和越野跑都是"冷热交替"的典型运动。"冷热交替"不仅能帮助人适应季节和气候的变化，而且对人的体表代谢有显著改善作用。

4. 上下交替

经常慢跑尽管使腿部肌肉得到了锻炼，但上肢却没有得到多少活动。如果再参加一些频繁活动上肢的运动项目，如掷球、打球、玩哑铃、拉扩胸器等，则可使上下肢得到均衡的锻炼。

5. 前后交替

一般的运动都是"往前"，如果同时也做一些"后退"的运动，如后走、后弯、仰泳等，不仅使上下肢反应更灵敏，大脑思维更活跃，对老年人的腰背腿痛也有疗效。

6. 左右交替

平时习惯用左手、左腿者，不妨多活动右手、右腿；相反，平时惯用右手、右腿者，不妨多活动左手、左腿。"左右交替"活动的好处，不仅使左右肢体得以"全面发展"，而且还使大脑左右两半球也得以"全面发展"。

7. 倒立交替

科学证明，经常进行倒立交替（即头朝下脚朝上）运动，可改善血液循环，使耳聪目明，记忆力增强；对癔症、意志消沉、心绪不宁等精神性疾病也有功效。

8. 穿、脱鞋走路交替

足底有着与内脏器官相联系的敏感区，赤足走路时，敏感区首先受刺激，然后把信号传入相关的内脏器官和与内脏器官相关的大脑皮层，引发人体内的协调作用，达到健身的目的。

9. 走跑交替

这是人体移动方式的结合，更是体育锻炼的一种方法。做法是先走后跑，交替进行。走跑交替若能经常进行，可增强体质，增加腰背腿部的力量，对防止中老年"寒腿"、腰肌劳损、脊椎间盘突出症有良好的作用。

10. 胸、腹呼吸交替

一般人平时多采用轻松省力的胸式呼吸，腹式呼吸仅在剧烈运动下采用。另外，经常的胸、腹交替呼吸，有利于肺泡气体的交换，可以明显减少呼吸道疾病的发生，对老年慢性支气管炎、肺气肿病人尤为有益。

请根据自身情况以及轻体育和交替运动的原则，自己去设想创造。

轻体育和交替运动不失为一种有益的尝试，生活中按规律行事的事情实在太多，现在你不妨试试交替运动，一定会给你一个意想不到的收获。

第五章
厘清思路，画出高效学习力

你一学 NIYIXUE
就会的 JIUHUIDE
思维导图 SIWEIDAOTU

第一节

4种方法帮助我们启动思考

生活中,很多人认为思考本身是很乏味的、抽象的、让人迷惑的,这与使人昏昏欲睡的认识不无关系。那么,思维导图在帮助并启动我们思考方面就显示出了特有的魅力与价值,成了帮助我们厘清思路的创造性工具。

为了让我们神奇的大脑转动起来,保障我们每天顺畅地思考,并提高思考力,可以从以下几个方面入手。

1. 排除多余的干扰

当我们针对要解决的问题进行思考的时候,一定要避免不受其他次要想法的干扰,因为我们的大脑里每天都有数千个一闪而过的想法产生,其中很大一部分会起到干扰的作用,使我们难以清醒地专注于我们想要思考的问题。

如果采用思维导图的形式，可以在罗列关键词的同时，进行相互的比较和筛选，可以有效排除多余的干扰，让思考更集中。

2. 紧紧围绕主题

一般，我们一次只思考一个主题，这时，我们必须命令我们的大脑集中注意力。也许，这种命令在起作用前需要几分钟时间，需要我们耐心地帮助我们的大脑关注于我们思考的主题。

这样做的好处是，可以迅速激活我们的大脑，使它运转起来，获得我们想要的想法。

这个思考的主题可以作为思维导图的关键词放在节的中心位置。

3. 关心一下自己的感受

如果当你绞尽脑汁，还是很难围绕所要解决的问题启动思考时，那么，你可以尝试着关注一下自己的内心感受，把这些感受写在思维导图上。问问自己在思考过程中，产生了什么感受，并顺着这些感受展开与内心的对话，说不定会瞬间打开思路，获得意外的惊喜。

4. 养成随时思考的习惯

当思考成了一种习惯，无疑会对你有很大的帮助。让大脑经常处于工作状态，很容易发动你的思考过程，获得解决问题的有效方法。

平时，借助思维导图，你可以对身体发生的任何事情随时随地进行评价、质疑、比较和思考。利用思维导图无限发散的特性，可以让思维更清晰有力，哪怕是胡思乱想，也会为你所关注的问题找到满意的答案。

以上几种方法可以帮助我们训练思考。只有当我们的思考借助思维导图,并与思维导图完美地结合在一块的时候,才会更容易帮助我们获得源源不断的想法,这些想法不仅新奇而且富于创造力。

现在,请你针对如何启动自己的思考画一幅思维导图。

第二节

3招激活思维的灵活性

灵活思维的好处是,当我们遇到难题时,可以多角度思考,善于发散思维和集中思维,一旦发现按某一常规思路不能快速达到目的时,能立即调整思维角度,以期加快思维过程。

激活思维的灵活性,可以从下面3个方面入手:

1. 培养迁移能力

迁移,是指一种学习对另一种学习的影响。

我们更多地要用到的是知识迁移能力,即将所学知识应用到新的情境,解决新问题时所体现出的一种素质和能力,形成知识的广泛迁移能力可以避免对知识的死记硬背,实现知识点之间的贯通理解和转换,有利于认识事件的本质和规律,构建知识结构网络,提高解决问题的灵活性和有效性。

思维的灵活性主要体现在解决问题时的迁移能力上，必须有意识地去培养自己的迁移能力，从而能够灵活地解决学习中的一些问题。

语文学习中，常常能遇到写人物笑的片段，比如《葫芦僧判断葫芦案》中的"笑"，《红楼梦》第四十四回中每一个人的"笑"，《祝福》中祥林嫂的"三笑"，各自联系起来，分析比较，各自表现了人物的什么个性，同时揭示了什么主题，等等。

通过这种训练，可以使分析作品中人物的能力和写作中刻画人物的水平大大提高。

2. 利用"一题多解"

这种方法在数学学习中经常使用，对"一题多解"的训练，是培养思维灵活的一种良好手段，这种训练能打通知识之间的内在联系，提高我们应用所学的基础知识与基本技能解决实际问题的能力，逐步学会举一反三的本领。

学会"一题多解"的思维方式，可以训练思维的灵活性，使自己在思考问题的起点、方向上及数量关系的处理上，不拘泥于一种方式，而是根据需要和可能，随时调整和转换。

3. 大量阅读不同体裁的文章

文章是作者进行创造性思维的成果。一篇文章的创造性，主要体现在它的构思和语言的运用上，体现在文章的思想观点和表达方式上。

不同体裁的文章，也各有各的特点，就是同一体裁中的同一内容的文章，风格也是各异。在阅读一篇优秀文章时，善于发现它们的不同，善于吸取它们各自的特点，对于训练自己的思维是有益的。

总之，多读各种不同的文章，既可以获得知识，又可以获得思维和写作的借鉴，可以从比较中学习到从不同角度观察事物、思考问题的方法，从而培养思维的灵活性。

培养思维的灵活性，要学会从不同的角度、不同的方向用多种方法来解决问题。要培养思维的灵活性，就要多动脑筋，加强学习，在实践中探索新思路、验证新方法，并及时总结、改进，就一定能增强思维的灵活性，搞高思维的应变能力。

针对3种行之有效的激活思维灵活性的方法，可用思维导图表示。

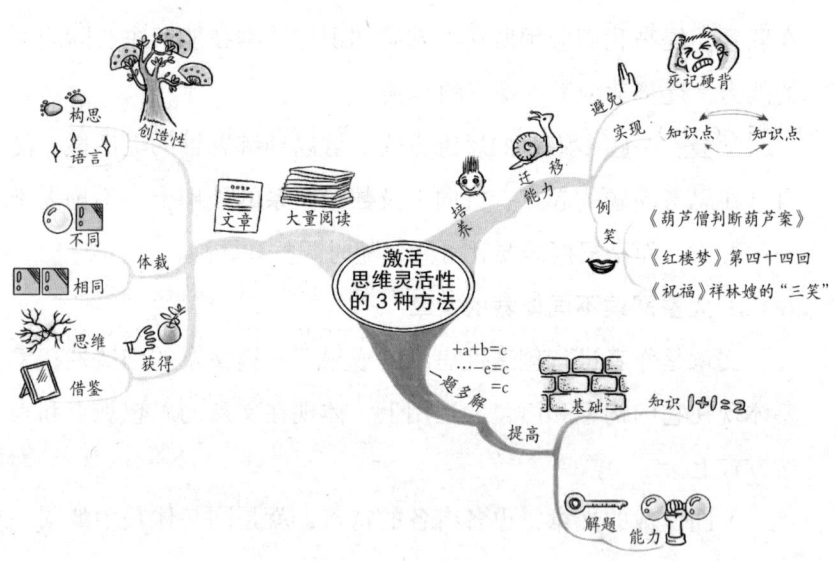

第三节

5步让我们克服骄傲的毛病

学习中有一些人不能正确对待荣誉与成绩,有的拔尖逞能,有的盲目自满,有的沾沾自喜,有的把集体的成绩看成是个人的,有的瞧不起同学,等等。

这些骄傲自大的不良习惯,最终会影响自己的不断进步,甚至使自己脱离同学,脱离集体,失去目标,成为一个自私自利的小人。

而当今社会对我们的要求是,要想取得学习上的高分,成就事业,就必须首先学会做人。因此我们应从小培养谦逊的品格使自己形成戒骄戒躁的良好习惯。

那么,怎样培养谦虚的习惯呢?

培养谦虚的好习惯有5种好方法:

1. 认识骄傲的危害

盲目骄傲自大的人就像井底之蛙,视野狭窄,自以为是,严重阻碍了自己继续前进的步伐。由于骄傲,你会拒绝有益的劝告和友好的帮助。而且由于骄傲,你们会失掉客观的标准。

骄傲是对自己的片面认识,是盲目乐观,常会让人不思进取。应该培养自己的自信心,但不能滋长骄傲自满的情绪。

2. 全面认识自己

骄傲的产生往往源于自己的某方面特长和优势，应该先分析这种骄傲的基础：是学习成绩比较好、有某方面的艺术潜质，还是有运动天赋，等等。然后应认识到，自己身上的这种优势只不过限定在一个很小的范围内，放在一个更大范围就会失去这种优势；正确的态度应该是积极进取，而不是骄傲懈怠；并且优势往往是和不足并存的，同时应该努力弥补自己的不足。

另外，应该开阔胸怀，走出自我的狭小圈子，到更广阔的地方走走，陶冶情操，了解更多历史名人的成就和才能，以丰富的知识、充实头脑，让自己变骄傲为动力。

3. 正确面对批评建议

批评往往直指一个人的缺点，如果一个人能够接受批评，他就能够比较清楚地看到自己的缺点。对于我们来说，在评论自己时常会出现偏差，原因是"不识庐山真面目，只缘身在此山中"，若能经常听取别人的意见或建议，就能不断充实和完善自己。

谦虚不仅是一种美德，还是你无往不胜的美德。养成无论在任何时候都保持谦虚温和的良好习惯，是丰富和完善人生的一种要求。让我们永远做一个谦虚的人、做一个学而不厌的人吧。

4. 从小事做起

戒骄戒躁、谦虚的习惯要从小事中培养，比如取得好成绩或得到别人的夸奖，都不应该骄傲，谨记"谦虚使人进步，骄傲使人落后"的座右铭。

5. 多向伟人学习

古今中外许多伟人都是十分谦虚的,像马克思等。可以向老师、家长请教这方面的事迹,也可以自己读一些这方面的故事,并时时提醒自己要向这些伟人学习。

第四节

6步搞定英语听力

我们都知道,英语听力的好坏不仅对考试的成绩,而且对考试的信心、考试的情绪都有很大的影响。虽然多听有益,但也应该掌握一定的方法,方可取得高分。

在这里,我们主要讲怎样利用磁带练习听力:

1. 随时随地法

利用可以利用的每一分钟,无论是上学放学的路上、茶余饭后,还是睡前醒后都可以戴上耳机,随时随地地听。

2. 集中分段法

首先在某一段时间内,集中精力听一个内容,这一盘录音带没有听懂、听熟之前,先不听别的内容。其次可以把一天的时间分成若干段,每一段听不同的内容。

3. 先慢后快法

刚开始练习听力的时候,可以先听语速慢的录音带。然后再

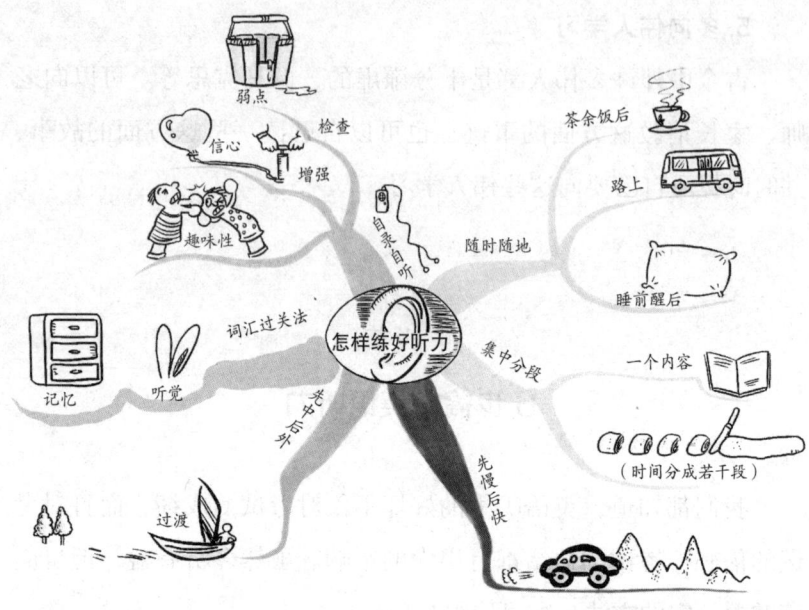

过渡到语速快的录音带。

4. 先中后外法

我们可以先听中国老师录的录音带,然后再过渡到外国人录的录音带,因为中国老师的录音我们听起来会更容易接受,可以看作是一个很好的过渡。

5. 词汇过关法

听录音带时,要听课文,也要听词汇。有时,听词汇比听课文更重要。如果每天都听一遍中学课本的词汇册,时间一久,在脑子里就形成了"听觉记忆",以后碰上听过的词,脑子里一下就能反映出来。

就如同看熟了的电影,听了上句,都知道下句是什么是一个道理。

6. 自录自听法

通过这种方法可以检查自己的弱点,也可以借此增强自己的自信心。同时,还可以借此添上一点趣味性的东西。

综上,绘制一幅思维导图(见上页)。

第五节

有效听课应注意的 8 个细节

高效的学习者听课都有一个特点,那就是"听课要听细节",有效听课的 8 个具体细节为:

1. 留意开头和结尾

老师在讲课时,开头一般是概括上节课的要点,指出本节课要讲的内容,把旧知识联系起来的环节,要仔细听清。老师在每节课结束前,一般会有一个小结,这也是听课的重点所在。

2. 留意老师讲课中的提示

我们在听课中,经常能听到老师提示大家"大家注意了""这一点很重要""这两个容易混淆""这是不常见的错误""这些内容说明""最后"等字眼,这些词句往往暗示着讲课中的要点,应该给予足够的重视。

3. 学会带着问题听课

善于学习的人几乎都有一个好习惯，即他们善于带着问题去听课。听课不是照搬老师的讲课内容，而应积极思考，学会质疑，解决困惑。带着问题去听课可以提高注意力效率，可以在听课的时候有所选择，大脑也不容易感到疲劳，不仅听课效率高而且会更轻松。

4. 留意教师讲解的要点

听课过程中，我们应该留意老师事先在备课中准备的纲要是什么，上课时，老师是怎样围绕这个提纲进行讲解的。我们在力求抓住它、听懂它、理解它的同时，还可以通过听讲、练习、问答、看课本、看板书等途径，边听边明确要点和纲要，弄懂知识的内在联系。

5. 留心老师分析问题的思路

各学科知识之间都有前因后果、上关下联的逻辑关系，有时可以相互推理，思路互通。在理科中表现得比较明显，比如一个定理、一条定律、一道习题，都有具体的思维方法，我们用心留意老师分析问题的思路和方法，仔细揣摩，就能轻松获得灵活的思维能力，越学越出色。

6. 留意老师的板书归纳和反复强调的地方

不言而喻，反复强调的地方往往是重要的或难以理解的内容，板书归纳不仅重要，而且是具有提纲挈领的作用。要注意在听清讲解、看清板书的基础上思考、记忆，并且做好笔记，便于以后重点复习。

7. 留心老师如何纠错

每个人都有做错题的时候，当老师在为同学纠错的时候，不管是你做错的题或者是别人做错的题，你都应该留心。如果你能对这些容易做错的题保持足够的警惕，那么以后就能有效地避免犯同样的错误，千万不要以为别人做错的题与你无关。

8. 留意老师对知识点的概括和总结

几乎每个老师都会在上完一堂课或讲过某些知识点之后进行概括和总结，这些"总结"是课堂知识的精华，也是考试的重点，应该好好理解和掌握。

第六节

做好作业有6项注意

每一个善于学习的人在做作业时，都有自己的心得体会，一般而言，需要注意6个方面：

1. 作业要工整、简明、条理清楚

平时做作业时，应当养成良好的习惯。工整、简明、条理清楚的作业可以反映一个人一丝不苟的学习态度，可以避免出现不必要的差错，有利于检查时查找；另外复习时看起来也方便；老师批阅起来可以快得多。

2. 作业要保存好

如果你能按照知识系统，定期将作业分门别类地保存起来，放进卷宗或公文袋中，到复习时可随手拿来参看。作业是学生平时辛勤劳动的成果，不注意保存好，就等于把自己的劳动果实白白丢掉了。

3. 作业要独立完成

每一个高效的善学者都会自己独立完成作业。做作业的目的是巩固、提高和扩展所学知识，培养分析问题和解决问题的能力。课堂作业和家庭作业都是学习过程中必不可少的重要环节。如果不是自己独立完成作业，就难以发现学习中的薄弱环节和不足之处，容易养成依赖心理和投机取巧的坏毛病，当必须自己思考和解决问题时，就会不知从何下手。

4. 不拖沓作业

善学者从不会为每天大堆大堆的作业感到头疼。如果一个学生每天作业拖沓，那就糟了。整天都在应付作业，玩的时间被挤掉了，生活和学习就会变得既劳累又无乐趣。

5. 切忌模仿做题

有一些学生喜欢模仿做题，所谓模仿做题就是指在做题过程中机械地套用老师的解题方法、解题格式，或者机械地套用公式、套用自己以前的解题经验，对做题过程所想到的、所写出的每一句话或者每一步心理活动过程都不明确。总的来说，只是模仿做题对我们收获不大。

6. 不搞题海战术

事实上,很多优等生都不是通过题海战术做出来的。无论在学校还是在家里,经常见到有些同学超负荷地做练习题,漫无边际、毫无目的。大量的练习题只会让我们思维混乱,晕头转向,难以应付。做习题应当有所选择。

实际上,教科书上的作业练习和老师补充的练习,加上各级教学主管部门的各种复习材料,已足够学生的习题量了,根本不需要再去到处搜寻。

对此,如何做好作业,需要注意的6个地方可用下图表示。

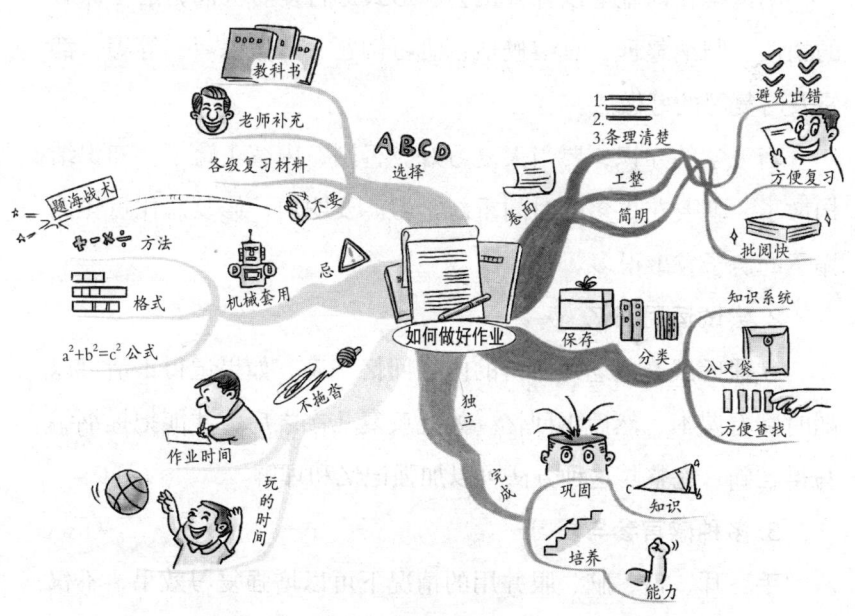

第七节

11种方法正确进行课后复习

在这里，介绍11种正确进行课后复习的方法：

1. 及时进行第一次复习

很多人都有这样的经验，对于刚刚学习过的知识，越早复习记忆越深刻。

不论是在课堂上以各种机会和形式进行复习巩固，还是课后的精读、归纳整理、总结概括、研习例题、多做练习，等等，都是及时复习的好做法。

当天学的知识，要当天复习好。否则，内容生疏了，知识结构散了，就要花更多的时间重新学习。要明白，修复总比重建倒塌了的房子省事得多。

2. 尝试运用回忆

在课后试着把老师所讲的内容回忆一遍，如果记得不清可以随时翻看课本，然后再回忆。如此反复几次之后，才能把提纲编写得准确、完整。这种方法可以加强记忆和理解。

3. 多种感官参与复习

手、耳、口、脑、眼并用的情况下可以增强复习效果，不仅适用于文科类的学习与记忆，同样适合于理科。

4. 要紧紧围绕概念、公式、法则、定理、定律复习

思考它们是怎么形成与推导出来的，能应用到哪些方面，它们需要什么条件，有无其他说明或证明方法，它与哪些知识有联系……通过追根溯源，牢固掌握知识。

5. 复习要有自己的思路

通过一课、一节、一章的复习，把自己的想法、思路写成小结，列出表来，或者用提纲摘要的方法把前后知识贯穿起来，形成一个完整的知识网。

6. 复习中遇到问题要先思考

这样有利于集中注意力、强化记忆、提高学习效率。每次复习时先把上次的内容回忆一下，不仅保持了学习的连贯性，引起对学过知识的回想，而且可以加深记忆的连续性和牢固性。

7. 复习中要适当做一些题

可以围绕复习的中心来选题、做题。在解题前，要先回忆一下过去做过的有关习题的解题思路，在此基础上再做题。做题的目的是检查自己的复习效果，加深对已学知识的理解，培养解决问题的能力。

做综合题能加深对知识的完整化和系统化理解，培养综合运用知识的能力。勤于复习，并学会科学地复习，并养成一种良好的习惯。

只有这样，我们所学的知识才会更加牢固，以后的学习才会更加轻松。

8. 把知识点做成一张"知识网"

每科知识之间都有关联，如果孤立地去看所学的知识，很难理解透彻，如果能把知识点放在一张"知识网"中去看待，那样就很容易理解和记忆。

比如，初中代数重点"分式的运算"，如果联系到小学学过的"分数运算"就能容易搞清楚彼此的联系。

9. 运用"方法"和"技巧"

在复习过程中，要注意总结用过的"方法"和"技巧"，主要体现在思维方法和分析解决问题的思路上，这种思路和方法有可能出现在课本中，也可能是老师的点拨。

10. 交叉复习方法

在复习阶段，可以找一些涉及不同部分知识的综合应用题，交替学习同一科目内的不同部分，通过比较分析，可以加深自己对知识的理解和应用能力。

11. 随时自测，时刻认清自己

自我测验既是一种复习方法，也是我们学习主动性的表现。在学习中养成随时对自己进行自我检测的好习惯，会清楚地明白自己好在哪里，差在哪里，随时有针对性地进行重点复习，以达到事半功倍的效果。

第八节

解决生活和学习中遇到的困惑

目前,思维导图已经应用于生活的各个方面。在对于帮助自我分析,更深入地了解自己,包括自己的需求、欲望、中长期目标等方面具有很实际的意义。比如,你考虑报某个暑期补习班,确立自己下学期的学习目标,思维导图都可以在很大程度上帮助你理顺想法、明晰思路。

在自我分析方面,如何正确地了解和评估自己呢?

一般,对自我的认识包括对生理、心理、理性、社会自我等几个部分的认识。生理方面,主要是指对自己的相貌、身体、服饰打扮等方面的认识;心理方面,主要指对自我的性格、兴趣、气质、意志、能力等方面的优缺点的评估与判断;理性方面,主要是指通过社会教育和知识学习而形成的理性人格,如对自我的思维方式和方法、道德水平、情商等因素的评价;社会自我认识,主要指对自己在社会上所扮演的角色,在社会中的责任、权利、义务、名誉,他人对自己的态度以及自己对他人的态度等方面的评价。

这些自我认识都可以在思维导图上表现出来。

画图之前,需要你拿出一张白纸来,在白纸中心画一个中

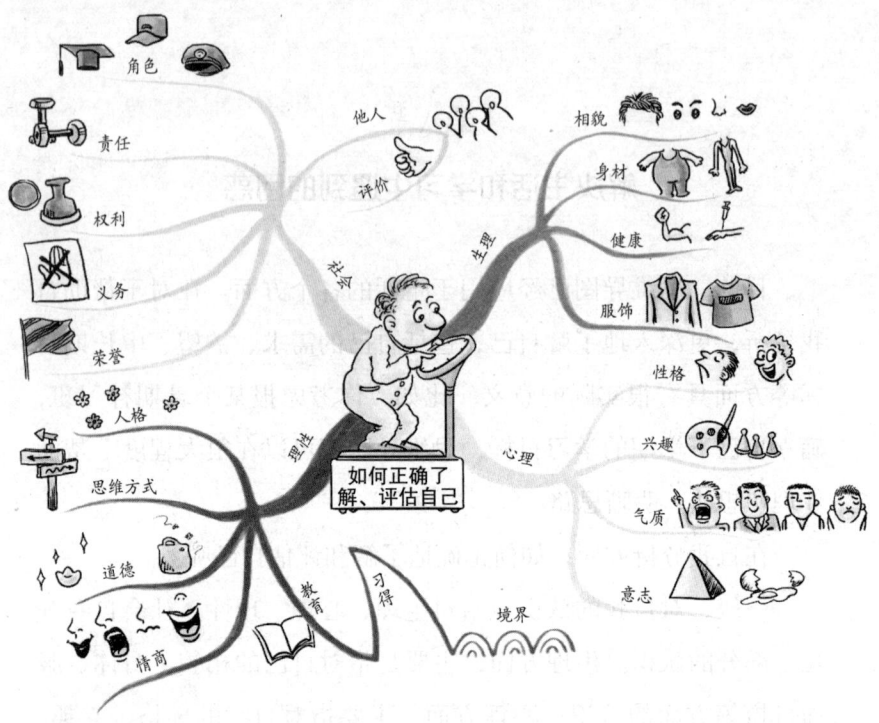

央图像代表自己，然后由这个中心图像向四周发散，并根据生理、心理、理性、社会自我四个方面，联想与自己相关的所有属性，并将你想到的属性与中心连线，比如你可以参考的属性有：性格、爱好、长处、短处、理想、兴趣、家庭背景、交际圈、朋友圈、长期或短期目标是什么、上大学最想做的事是什么、现在的苦恼是什么、自己最尊重的人，自己需要为父母做到什么等的方面。

你在列出这些属性的同时，也可以给出该属性的具体表达，如性格后面标上"开朗",等等。

由于思维导图可以对你的内在自我做一个全面的综合反映,因此,当你获得了比较清晰的反映内在自我的外部形象后,你就不太可能做出一些有违自己本性和真实需求的决定,从而使你避免一些不快的结果发生。

为了避免一些自己不愿意看到的结果出现,最好的办法就是从绘制一幅能够帮助自我分析的"全景图"开始,在这幅图里要尽可能多地包括你的性格特点和其他特征。

我们在做自我分析方面,尽量选择一个比较舒服的环境,最好能对你的精神起到刺激作用,这一点非常重要。目的是使你在做自我分析时达到无所顾忌,做到完整、深刻和实用。

在画图时,不必考虑图面的整洁度,可以快速地画出思维导图,能够让事实、思想和情绪毫无保留并自由地流动起来,如果过于整洁和仔细的话,容易抑制思维导图带给我们的无拘无束感。当然,选择好主要分支之后,你应该再绘制一张更大一些、更有艺术气息、更为成熟的思维导图。

最后做出最终的决定,并计划你的下一步行动。

总之,通过绘制自我分析的思维导图,可以帮助我们更清晰地知道生活和学习的重点在哪里,可以使我们获得更多对于自己的客观看法。

通过思维导图可以更全面真实地反映个人情况,解决更多的实际问题,从而为下一步决定做好准备。

第九节

7招强化抗挫折能力,实现高分

学习是一个不断遭遇挫折、克服困难的过程。

为了实现自己的学习目标,取得高分,就需要我们增强自身的抗挫折能力。

具体说来,有以下7种办法:

1. 培养自己的抗挫折能力

古今中外历史上,所有为人类做出大贡献的伟人,都经历过无数次挫折,都有很强的抗挫折能力。每当我们遭遇挫折的时候,要学会换一种眼光去看待,学会锻炼自己的意志,让自己一次比一次坚强。

2. 把学习失利当作机遇

我们可以把学习和考试中遇到的失误和失利当成磨炼自己意志的机会,当成增长自己能力的机遇。

3. 时刻充满必胜的信心

一般情况下,当我们遭遇挫折时,情绪难免会失落,这时,你不妨放声高呼几声,比如:"挫折你尽管来吧,我定能战胜你!"同时,面对挫折,不要退缩,要想方设法去寻求解决问题的新途径。

4. 发挥自己的积极主动性

无论是在生活或学习中，我们都应尽可能地减少对老师和父母的依赖，只要是自己能做的事情，就不请别人帮忙和代做。善于调动自己的积极主动性，我们才能主动锻炼自己，增长抗挫能力。

5. 养成锻炼身体的好习惯

健康的身体是取得好成绩的保证。身体的强弱对学习效果的好坏影响很大。一个身体健壮的人，比起身体羸弱的人，往往可以凭借充足的精力去克服学习上的困难。

平时，我们应该有锻炼身体的意识，每天坚持做一至两项自己喜欢的运动，长期坚持下去，自然能增强抵抗恶劣环境的能力。对学习中遭遇的挫折，也许就会不以为然了。

6. 平时主动给自己制造难题

日常学习中，可以根据学习进展，不时地给自己制造些难题，设计些困境，以发挥自己的能动性，挖掘自己的学习潜力，从而完善自己的知识结构。

7. 设法多读一些名人传记

名人传记是人类的精神养料。比如，我们熟知的罗曼·罗兰的《名人传》中，曾引用了贝多芬的名言："不幸的人啊！切勿过于怨叹，人类中最优秀的和你们同在。"假如你读过这本书，或许在你感到绝望的时候就会想到音乐巨人贝多芬，在迷茫的时候想到画家米开朗琪罗，在孤独的时候想到托尔斯泰。

阅读名人传记，就像是在和伟大的人对话，除了让我们了解到他们的人生经历之外，也能让我们对比自己，从而清楚地看到，原来自己面临的困难是多么的渺小，只要多一些毅力和耐心，任何困难都将不堪一击。

我们在不断阅读名人传记的过程中，就能感觉到人生就是不断战胜困难、战胜挫折的过程。

其实，像《史记》等历史著作就是很好的人物传记读本，如果是自传性的书，我们尽量选择那些年纪偏大的，对人生有所总结的人的作品，比如季羡林先生的作品就值得一读；如果是给别人写的传记，我们尽量读那些大家的作品，比如林语堂写的《苏东坡传》等。

第六章 摆脱盲目低效,轻松搞定工作难题

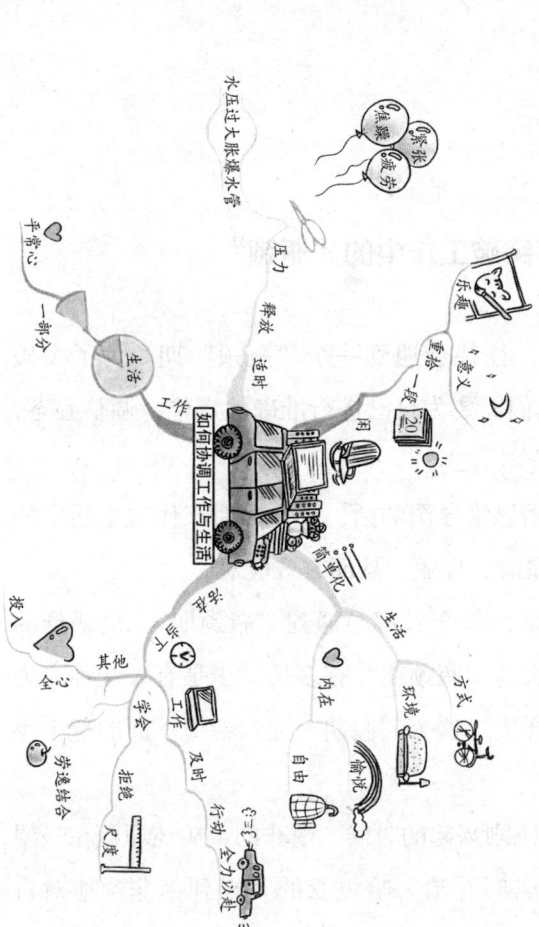

第一节

如何突破工作中的"瓶颈"

工作一段时间后，往往会遇到一个"瓶颈"期。为了突破工作中的"瓶颈"，我们需要为自己进行准确的定位，调整心态，进而选择适合自己的充电方式。

如果我们善于使用思维导图的话，那么面对工作或生活中的任何瓶颈，我们都能厘清、理顺，从而有效应对。

无论事业还是生活，每个人都会遇到"瓶颈期"。最糟糕的是，你并不知道这一次的"瓶颈期"有多长。于是有人戏称之为"悠长假期"。应该怎样度过这个"假期"呢？希望下面的这个小故事能够带给你启发。

在18世纪淘金热刚刚兴起的时候，南非的金矿还埋藏在一望无际的沙漠下。一个名叫乔治·哈里森的人来到南非，他对自己说，他要找到世界上最大的金矿。可是命运似乎并没有眷顾这名年轻人，十几年的时间过去了，乔治·哈里森连金矿的影子都没有看到，只是在一些小金矿作坊里没日没夜地干着最脏最累的活。

处于"瓶颈期"的他松懈下来，放弃了寻找金矿的任何准备。

在很偶然的机会，乔治·哈里森发现了一条长420公里，宽24公里的金脉，这也是目前世界上最大的金矿。

就在他感觉到喜从天降的时候，却发现自己不具备任何开采金矿的资本。万不得已，他只得出售了这条金矿的开采权，价格是10英镑！如此低廉的价格，等于白送了开采权。

命运和乔治·哈里森开了一个大玩笑。但是只要认真思考一下，就会发现乔治错过金矿的原因，就在于他忽略了"随时准备着"的准则，就算处于"瓶颈期"，在给自己放一个长假的时候，也不能对自己的技术、知识不闻不问。

在"瓶颈期"，每个人的苦闷大多是源于缺乏目标。

这时，我们首先需要做的是静下心来思考，给自己一个全新而准确的定位。这个定位就像一颗启明星，可以指引你前进的方向。

工作的瓶颈期会使我们有一些空余时间，不要让这些时间白白溜走，不妨动手学习一直很感兴趣却由于平日的忙碌而疏忽的东西。也许将来的某一阶段，你会发现在"瓶颈期"略显艰苦的"修炼"已经给你铺垫了厚实的基础。

下面这个故事中的主人公就是借助学习突破了他的工作瓶颈期,而且迎来了一个崭新的发展阶段。

王明是一家外贸公司的职员,他对自己的工作很不满。

在一次朋友聚会上,他十分生气地对好友张亮说:"我的老板真是有眼无珠,他从来都不重视我,我哪天非在他面前发火不可,然后离开公司。"

张亮听后,问王明:"你对你所在的公司完全了解了吗?对公司所做业务搞明白了吗?"

王明摇摇头,非常疑惑地看了看张亮。张亮接着说:"俗话说'君子报仇十年不晚'嘛!你不用着急辞职,我建议你把你们公

司的业务流程先全部搞清，并认真学习那些你不会的东西，等什么都学会后再辞职不干也来得及。"

张亮见王明表情迷惑，就解释说："你想想啊，公司是一个不用花钱就可以学习的地方，等你全部都学会了再辞职的话，就能给自己出气，还能有很多收获，岂不是一举两得吗？王明，难道你不这么认为吗？"张亮的建议王明谨记在心。此后，王明勤学默记，经常在别人下班之后，他还待在办公室中研究写商业文书的方法。

时间过得飞快，一年后，王明偶然遇到了张亮，张亮问他："现在你应该把公司的事情学得差不多了吧？什么时候准备拍桌子辞职啊？"

不料王明却说："但是，这半年来我感觉老板对我非常重视了，近来不断给我加薪，并委以重任，现在，我已经是公司最红的人了！"

从这个故事中，我们应该明白这样一个道理：现在已经步入终生学习的时代，学习是终生的事情，是没有时间的分隔、人员的界定和场所限制的，要想有所发展，就一定要时刻学习。

提高学习的能力要比学习知识重要得多，知识虽然也在时刻更新，但人们只有在提高了学习知识能力的同时才能更好地吸收新知识、运用新技能，以此提高自己的整体素质，才能适时地突破瓶颈。

第二节

如何跨越职业停滞期

工作中，突然出现的"职业停滞期"会让人陷入一种深深的"本领恐慌"中，要突破这种职业停滞期，我们要学会"自我革命"，只有不断地突破自我，才能够不断成长。

在职场中，很多人会遭遇一种"职业停滞期"。

例如，有些人因为对自身没有很好的职业规划，接受新知识的态度也不是很积极，结果导致自己的创新能力跟不上新员工，眼看着身边的新员工一个个加薪、晋职，他们陷入一种深深的"本领恐慌"中。

然而面对自己职业上的停滞，他们更多的是埋怨企业没能给他们职位提升的空间，这种想法是不对的。"解铃还需系铃人"，这时，需要我们进行"自我革命"，只有不断地突破自我，才能够不断成长。在这一点上，一则关于鹰的故事可以给我们带来一个很好的启示。

鹰是世界上寿命最长的鸟类之一，其寿命可达70年，但当鹰长到40岁的时候，它的爪子开始脱落，喙变得又长又弯，翅膀上的羽毛也长得又浓又厚，已不再是飞行的工具，相反成了一种负担。

这时的鹰就如同企业的中年员工一样，必须做出一个困难却又关乎生命的选择：要么安静地死去，要么经过一个痛苦的进化过程获得新生。让人敬佩的是，所有的鹰都选择了后者。它们努力地飞到悬崖边上筑巢，数月停留在那里不再飞翔，用喙击打岩石，直到老喙完全脱落。新喙长出后，鹰会用它把指甲一根根地拔出来，新指甲长出来后再用爪子把羽毛一根根拔掉。5个月后，鹰获得了新生。

世界著名的信息产业巨子，英特尔公司的前总裁安迪·葛鲁夫，在功成身退之时，回顾自己创业的历史，曾深有感触地说："只有那些危机感强烈、恐惧感强烈的人，才能生存下去。"

恐惧，无疑是一种不安的心志，而居安思危是使"惧"成为不惧的新起点。"惧"是审时度势的理性思考，是在超前意识前提下的反思，是不敢懈怠、兢兢业业、勇于进取的积极心志。

正是在这种惧者生存的经营理念下，英特尔在安迪·葛鲁夫的领导下，常能够适时地进行变革，最终成为全世界最大的芯片制造商。

"英特尔"成立时，葛鲁夫在研发部门工作。1979年，葛鲁夫出任公司总裁，刚一上任，他立即发动攻势，声称在一年内要从摩托罗拉公司手中抢夺2000个客户，结果"英特尔"最后共计赢得2500个客户，超额完成任务。

此项攻势源于其强烈的危机意识，他总担心英特尔的市场会被其他企业占领。

1982年，由于经济形势恶化，公司发展趋缓，他推出了"125%

的解决方案",要求雇员必须发挥更高的效率,以战胜咄咄逼人的日本。他时刻担心,日本已经超过了美国。

在销售会议上,可以看到身材矮小、其貌不扬的葛鲁夫。他的匈牙利口音使其吐词不清,他用拖长的声调说:"'英特尔'是美国电子业迎战日本电子业的最后希望所在。"

危机意识渗透到安迪·葛鲁夫经营管理的每一个细节中。1985年的一天,葛鲁夫与公司董事长兼CEO的摩尔讨论公司目前的困境。他问:"假如我们下台了,另选一位新总裁,你认为他会采取什么行动?"

摩尔犹豫了一下,答道:"他会放弃存储器业务。"葛鲁夫说:"那我们为什么不自己动手?"在1986年,葛鲁夫为公司提出了新的口号,"英特尔,微处理器公司"。

"英特尔"顺利地度过了困难时期。其实,这皆赖于葛鲁夫那浓厚的危机观念。他始终认为,居安思危者方可生存,企业家一定要居安思危,保持忧患意识,企业方可长久。为了不让公司再度陷入困境,葛鲁夫让"英特尔"几近疯狂地投入到微处理器的战场之中。1992年,葛鲁夫让"英特尔"成为世界上最大的半导体企业。因为"英特尔"已不仅仅是微处理器厂商,它逐渐成了整个计算机产业的领导者。1994年,一个小小的芯片缺陷,一下子将葛鲁夫再次置于生死关头。12月12日,IBM宣布停止发售所有奔腾芯片的计算机。预期的成功变成泡影,雇员心神不宁。12月19日,葛鲁夫决定改变方针,更换所有芯片,并改进芯片设计。最终，公司耗费相当于奔腾5年广告费用的巨资完成了这一工作。但"英特尔"又一次活了下来，而且更加生气勃勃，是葛鲁夫的性格和他的危机观念挽救了公司。

如今，"英特尔"已经掌握了微处理器的市场，可在危机观念的指导下，它没有任何放松的迹象，葛鲁夫仍然没有沾沾自喜而就此松懈。在他的带领下，"英特尔"把利润中非常大的部分花在研发上，继续疯狂行径的葛鲁夫依旧视竞争者如洪水猛兽。葛鲁夫那句"只有恐惧、危机感强烈的人，才能生存下去"的名言已成为"英特尔"企业文化的象征。

其实，危机是随时都会出现的，危机当前，逃避不是上策，只有勇敢地面对它，根据发展形势进行必不可少的变革，才是个人与企业长久发展之计。

第三节

如何缓解心理压力

今天，在工作强度日趋加大，市场竞争日趋激烈的情况下，不少人感到难以承受沉重的工作压力，并出现了明显的心理反应。在这种情况下，减压已经成为一个刻不容缓的问题。

2003年6月，温州市东方集团副总经理朱永龙因长期精神抑郁自杀身亡；

2003年8月，韩国现代集团董事长郑梦宪跳楼身死；

2005年4月，爱立信（中国）有限公司总裁杨迈由于心脏骤停在北京突然辞世；

……

中国约有70%的白领处于亚健康状态。

为什么会这样呢？一句话，都市节奏太快，职场压力太大。

所谓的压力是当我们去适应由周围环境引起的刺激时，我们的身体或精神上的生理反应。一般而言，98%的压力来自芝麻小事，只有2%的压力可能造成生活上的大问题。

然而，这2%的压力却产生了98%的"负面性压力"。有人面对压力，会暴饮暴食、酗酒、吸毒，变成工作狂，但有人却会把压力视为机会，借着压力将自己转化得更成熟稳健。

不良压力危害人的生理和心理健康，威胁人生幸福，如何应对压力是一堂人生必修课。当面对压力时，你可以采用以下方法来化解压力、缓解压力：

1. 让心灵暂时出逃

工作无休止，事业无尽头，但是健康却是我们永恒的本钱。在这个日新月异的社会里，每个人都越来越看重自己的身份和事业，既想做白领、做主管、做老板，又要做好丈夫、好妻子、好父亲、好母亲。

这些来自职场和家庭的不同身份，就像一张无形的网，罩得人们喘不过气来。其实，你完全可以让自己停下来歇一歇。在办

公室和家的两点一线之外，找一个让心灵暂时出逃的地方，将人生重负稍放片刻，在那里虚度一下光阴。出来之后，你也许就会觉得，迎接你的，是又一个生机勃勃的明天。

2. 提高你的抗压力

提高抗压能力的第一步是要有意识地塑造自己良好的性格，对待事情，要能拿得起，放得下，保持情绪的稳定性。这样当压力到来时，就不会有大起大落的不适应感。

再者，要意志坚定、胸怀坦荡、心境豁达，凡事不钻牛角尖。

最后要善于处理人际关系。今天，每个人都面临事业、学术、婚姻、住房、医疗、利益分配等诸多问题，在这些关系个人利益的问题中，人际关系显得尤为重要。

3. 饮食得当，缓解心理压力

营养学家和心理学家经过几十年的潜心研究，发现食物因素对人的心理状态包括情绪状态有较大的影响。在一定情况下，选择最佳食物，可以缓解心理压力和负担。

例如，含糖量高的食物对忧郁、紧张和易怒行为或心理状态有缓解作用。因此，如果你遇到难题，思虑过度或紧张不安，甚至发生严重失眠的话，建议在睡觉前喝点脱脂牛奶或加蜂蜜的麦粥，并吃些香蕉。这些食物会帮助你安定心情、顺利入眠，并且会睡得更香。

4. 勤做缓解压力操

步骤一：两手慢慢平伸，手握拳头，慢慢用力，包括上臂、前臂、拳头。慢慢用力，再用力，感觉肌肉的紧绷，达到自己可以承受的极致。然后慢慢放松，两手慢慢放下；

步骤二：身体坐正，下巴往胸前压，两肩往后拉，然后往前压，再用力往后拉，用力，慢慢放松，动作要慢；

步骤三：眉毛上扬，用力往上扬，用力，再用力，然后慢慢松开；

步骤四：鼻子、嘴巴、眼睛用力往脸中间挤，慢慢用力，然后慢慢放松；

步骤五：嘴唇紧闭，用力咬紧牙齿，慢慢用力，然后慢慢放松；

步骤六：嘴巴张开，舌头抵住下齿龈，嘴巴用力张开，舌头用力抵住，再用力，慢慢放松；

步骤七：身体坐直，身体往后仰，用力往后仰，再用力，慢慢回复原来位置，慢慢做两个深呼吸。

5. 香气疗法

香气治疗法目前在日本颇为流行，它不是简单地买回一些植物汁或者植物油来享受其芬芳就完事，而是有越来越多的商家开始利用这种香气为人们提供治疗服务，据说该治疗可以起到缓和人们紧张情绪和改进人际关系的神奇功效。

很多美容院都已开展了这项服务。当然，如果没有条件的话，那么养几盆有香味的花，每天早晚跑去阳台各闻一次，然后做做伸展运动，也许压力也会随之一扫而光。

6. 听自己最喜欢的歌

音乐同样具有安定情绪和抚慰的功效。想尽情地发泄一番，那就听一听摇滚乐；想厘清一下情绪，那就听听古典音乐。你可以买上一两张新碟，把自己关在房间里戴上耳机，你就可以尽情地沉浸在音乐王国里面了。

7. 有空常做深呼吸

呼吸并不只有维持生命的作用，吐纳之法还可以清新头脑，平静思绪。所以当你因压力太大而心跳加快时，不妨试着放松身心，做几个深呼吸。

8. 在想象中减压

听起来很新鲜，其实研究证明想象能有效减轻压力。例如设想自己在草地漫步，闻到近处有兰花，踩着鹅卵石在没膝深的溪水中探行，躺在海滩上让潮水一遍一遍地冲刷。要注意想象一些声音、景象、气味等的细节。

第四节

如何摆脱不良的工作情绪

"雄鹰翱翔天空，难免折伤飞翼；骏马奔驰大地，难免失蹄折骨。"人的一生不可能一帆风顺，事事如意，我们在工作中也难免会遇到挫折。摆脱不良的工作情绪将有助于工作的顺利进行，并可以给你带来好的心境。

有的人在工作中遇到挫折后，就消沉、灰心、萎靡不振，丧失信心，放弃了努力，甚至自怨自艾，自暴自弃。

长久的压抑甚至导致精神疾病，其实，在遇到挫折后，不妨冷静而理智地分析导致挫折的原因和过程，从中找到较好的解决办法。

下面介绍几种摆脱不良工作情绪的方法：

（1）沉着冷静，不慌不怒。

（2）增强自信，提高勇气。

（3）审时度势，迂回取胜。所谓迂回取胜，即目标不变，方法变了。

（4）再接再厉，锲而不舍。当你遇到挫折时，要勇往直前。你的既定目标不变，努力的程度加倍。

（5）移花接木，灵活机动。倘若原来太高的目标一时无法实现，可用比较容易达到的目标来代替，这也是一种适应的方式。

（6）寻找原因，厘清思路。当你受挫时，先静下心来把可能产生的原因寻找出来，再寻求解决问题的方法。

（7）情绪转移，寻求升华。可以通过自己喜爱的集邮、写作、书法、美术、音乐、舞蹈、体育锻炼等方式，使情绪得以调适，情感得以升华。

（8）学会宣泄，摆脱压力。面对挫折，不同的人有不同的态度。有人惆怅，有人犹豫，此时不妨找一两个亲近的人、理解你的人，把心里的话全部倾吐出来。

从心理健康角度而言，宣泄可以消除因挫折而带来的精神压力，可以减轻精神疲劳；同时，宣泄也是一种自我心理救护措施，它能使不良情绪得到淡化和减轻。

（9）必要时求助于心理咨询。当人们遭遇到挫折不知所措时，不妨求助于心理咨询机构。

心理医生会对你动之以情，晓之以理，导之以行，循循善诱，使你从"山重水复疑无路"的困境中，步入"柳暗花明又一村"的境界。

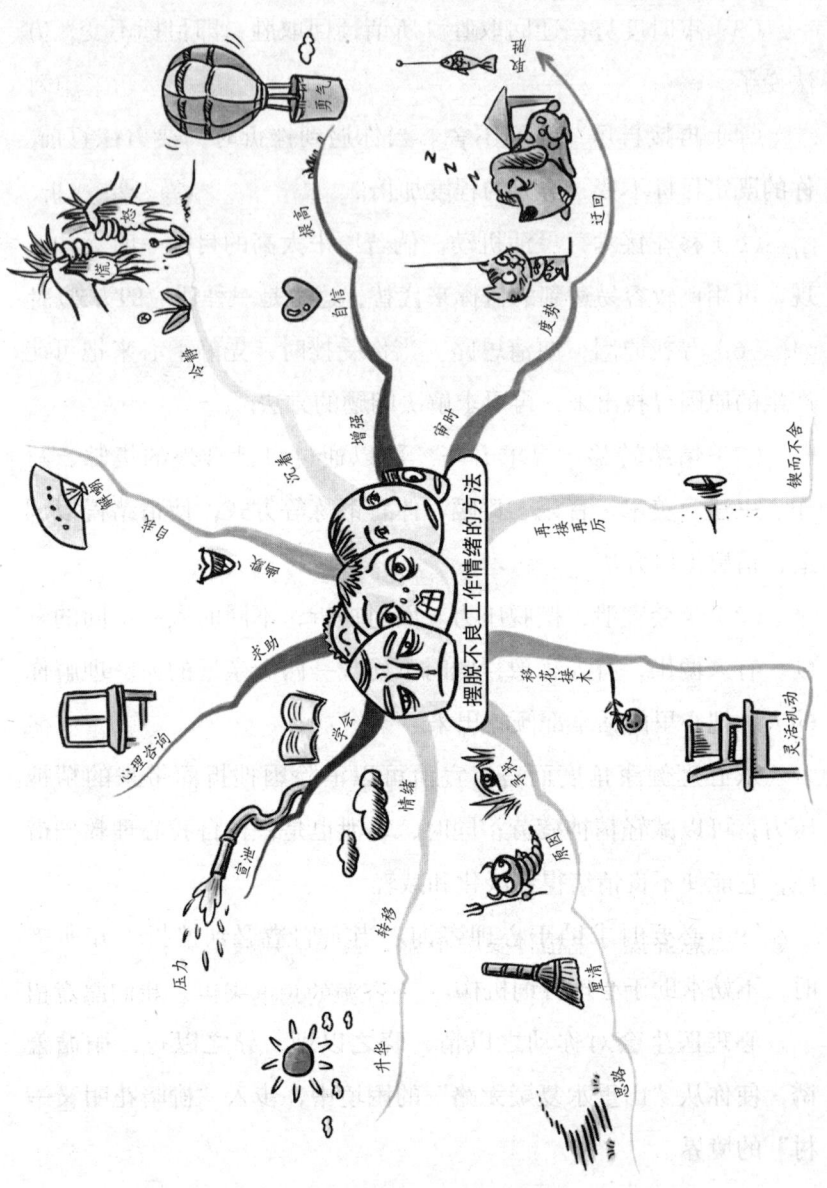

（10）学会幽默，自我解嘲。"幽默"和"自嘲"是宣泄积郁、平衡心态、制造快乐的良方。当你遭受挫折时，不妨采用阿Q的精神胜利法，比如"吃亏是福""破财免灾""有失有得"等来调节一下你失衡的心理。或者"难得糊涂"，冷静看待挫折，用幽默的方法调整心态。

对此，我们用思维导图画出摆脱不良工作情绪的方法，以时刻提醒自己。

第五节
如何保持最佳的工作状态

以最佳的工作状态工作不但可以提升我们的工作业绩，而且还可以带来许多意想不到的成果。良好的精神状态不是财富，但是它会带给我们财富，也会让我们得到更多的成功机会。

精神状态能如何影响工作，不是任何人都清楚，但是我们都知道没有人愿意跟一个整天提不起精神的人打交道，也没有哪一个领导愿意提拔一个精神萎靡不振、满腹牢骚的员工。

微软的招聘官曾指出："从人力资源的角度来讲，我们愿意招的员工，他首先是一个非常有激情的人，对公司有激情、对技术有激情、对工作有激情。可能他在这个行业涉世不深，年纪也不大，但是他有激情，和他谈完之后，你会受到感染，愿意给他一个机会。"

刚刚进入公司的员工，自觉工作经验缺乏，为了弥补不足，常常早来晚走，斗志昂扬，就算是忙得没时间吃饭，依然很开心，因为工作有挑战性，感受也是全新的。

这种工作时激情四射的状态，几乎每个人在初入职场时都经历过。可是，这份工作激情来自对工作的新鲜感，以及对工作中可预见问题的征服感，一旦新鲜感消失，工作驾轻就熟，激情也往往随之溜走。一切又开始平平淡淡，昔日充满创意的想法消失了，每天的工作只是应付完了即可。既厌倦又无奈，不知道自己的方向在哪里，也不清楚究竟怎样才能找回令自己心跳的激情。在领导的眼中也由一个前途无量的员工变成了一个比较称职的员工。

现今这个充满竞争的社会里，在以成败论英雄的工作中，谁能自始至终陪伴、鼓励、帮助我们呢？同事、亲人和朋友们，都不能做到这一点。唯有我们自己才能激励自己更好地迎接每一次的挑战。

所以要想变得积极起来完全取决于我们自己。

如果我们每天清晨始终以最佳的精神状态出现在办公室里，面带微笑问候一声同事，以昂扬的精神状态投入工作，感染周围的同事，工作时神情专注，走路时昂首挺胸，与人交谈时面带微笑……

愈是疲倦的时候，就要表现得愈好、愈显精神，让人完全看不出一丝倦容，这样会给周围的人来积极的影响。

良好的工作状态是我们责任心和上进心的外在表现，这正是领导期望看到的。在这个社会中，人们都承受着巨大的有形或者无形的压力。所以就算生活、工作不尽如人意，也不要愁眉不展、无所事事，要学会掌控自己的情绪，让一切变得积极起来。让我们始终对未来充满希望！明天会更好！如果我们乐观，一切事情都是亮色的，包括糟糕的事情，如果我们悲观，一切事情都是灰色的，包括美好的事情。

所以保持对工作的新鲜感是保证我们工作激情的有效方法。

可是这做起来很难，不管什么工作都有从开始接触到全面熟悉的过程。要想保持对工作恒久的新鲜感，可以从以下几方面着手：

首先，必须改变工作只是一种谋生手段的认识，把自己的事业、成功和目前的工作连接起来。其次，保持长久激情的秘诀，就是给自己不断树立新的目标，挖掘新鲜感，把曾经的梦想捡起来，寻找机会去实现它。审视自己的工作，看看有哪些事情可以更好地处理，然后把想法实施到工作中，认同企业文化培养归属感，对自己的企业和工作感到骄傲，在我们解决了一个又一个的问题后，自然就产生了一些小小的成就感，也会因此受到鼓舞，感觉生活是美好的，这种新鲜感觉就是让激情每天陪伴自己的最佳良药。最后，要热爱工作并充满激情。不要扼杀对美好事物的追求和热情，对我们的工作倾入全部的热情，每天精神饱满地去迎接工作，以最佳的精神状态去发挥自己的才能，就能充分发掘自己的潜能。我们的内心同时也会变化，越发有信心，别人也就会认同我们存在的价值。

第六节
如何保持完美的职业形象

成功形象是一个人的无形资产，"看起来像个成功者和领导者"，那么你的事业会为你敞开幸运的大门。

西方有句名言："你可以先装扮成'那个样子'，直到你成为'那个样子'。"如果你已经成为"那个样子"，但没有扮成"那个样子"，那么对你的成功事业就会带来一定的阻碍。先看一个事例。

我国东北盛产大豆，以其粒大、油多、脂肪丰富而闻名全国。改革开放后，一大批农民企业家迅速崛起，陈志贵就是其中的一个。他就地取材，以当地特产的优质大豆为原料，创办了一家豆粉饼加工厂。

由于经营得方，业务很快就做大了，不仅将客户发展到了全国，甚至还发展到了东南亚地区。

一天，陈志贵收到了一张来自香港的大订单，他亲自带领工人连夜加班，终于在规定的时间内完工，将货物发往了香港。但几天之后，香港公司却打来电话，说货物"有质量问题"，要求退货。

陈志贵十分纳闷，自己的产品一向以质量过硬而赢得卓越信誉，况且，这批产品由自己亲自监工生产，怎么会出现质量问题呢？绝对不是质量问题，一定是其他环节上出现了问题！陈志贵十分自信，他简单收拾了一下行李，立即乘飞机飞往香港。

当西装革履、风度翩翩的陈志贵出现在香港公司的总经理面前时，对方竟然惊讶地张大了嘴巴。虽然还不明白退货的问题出在哪里，但感觉敏锐的陈志贵已从对方的细微变化中捕捉到了什么。

在以后两天的相处中，陈志贵不亢不卑，侃侃而谈，充分表现出一个现代企业家应有的气质和风度，最终不仅"质量问题"烟消云散，还和那位总经理成了好朋友，成为长期的商业伙伴。

但是"质量问题"始终是陈志贵心中的一个疑团，因为他和对方谈得多是企业管理和人生修养方面的问题，他们根本没有再提什么质量问题。直到多年之后，陈志贵向那位经理询问才得知真正原因。

原来，这批货是香港公司的一个部门经理向陈志贵订的货，但在向总经理汇报后，总经理得知这批货是由农民家庭加工生产时，脑海里凭空臆想出了一个土得掉渣的农民形象。他顾虑重重，对那批货看也不看，就做了退货的决定。但当形象鲜明、个性十足的陈志贵突然出现在他面前时，他才知道自己犯了个多么可笑的错误。

可见，成功形象是一个人的无形资产，"看起来像个成功者或者领导者"，那么你的事业会为你敞开幸运的大门，让你脱颖而出。

民主选举时，由于你"像个领导"，人们会投你一票；提拔领导时，由于你"像个领袖"，你会被领导和群众接受；对外进行商务交往时，由于你"像个成功的人"，人们愿意相信你的公司也是成功的，因而愿意与你的公司进行交易。

沈先生有很高的经商才能，从一家大公司辞职后他想开家公司。但是当他的公司开张时，生意却出奇惨淡，他的客户在他简陋的办公室中往往坐不到五分钟就起身告辞。

后来他在实力的虚实上做起文章来，以吸引入流的商人和客户。

他租用了一套还算像样的房子，将里面的家具放入仓库，从别处借来一套上档次的办公家具，精心布置一番，顿使办公室气派不凡。

他又从家中拿来一些商务方面的书，搁在书架上，而且专放些半新半旧的，这使人不致怀疑他在生意上的真才实学。他通过熟人买了一套计算机机壳，盖上好看的装饰布，只要人们不亲自操作，谁也不知道那是样子货。他花小钱认认真真地"包装"了他的公司。

不过，他的公司也有真正属于他的东西，就是传真机和电话机。以后，他的公司里生意人渐渐多了，他出色的谈判技巧配上有实力的表象，使人增加了对他的信任，他终于有了几个固定的客户。

就这样,他虚虚实实、真真假假、若有若无地与形形色色的商人打交道,并且战绩辉煌,有了相当可观的收入。他将公司搬进了一家饭店,办公室里的那台电脑也变成真的了。当沈先生经过一系列改变后,他就让人产生了"看起来像个成功人士"的感觉,这促使他迈出走向成功的关键的一步。

因为在人们的意识中,具备这种成功形象的人大都是已经成功的人,因此,"看起来像个成功者"能够让你感受成功者的自信,激励自己走向成功,模仿成功者的举止、行为,被人们首先认可是具有潜力的成功者。因而,当成功的机会到来时,你就是成功者!

为了取得成功,你必须在大脑中"看"到你正在取得成功的形象,在脑中显现你充满自信地投身一项困难的挑战的形象。这种积极的自我形象反复在心中呈现,就会成为潜意识的一个组成部分,从而引导我们走向成功。

努力在外表塑造"像个成功人士"的例子数不胜数,因为他们深刻理解"看起来像个成功者"的形象对事业有多大的促进作用。

当然,看起来像个成功人士,不仅仅是指外表、谈吐和举止都要像个成功者,而且要有许多特质,这些特质是看不见摸不着的,但它却是成功的根本。这些特质包括:

（1）热情奔放。

成功者一直有一个理由，一个值得付出、激起兴趣、且长据心头的目标，驱使他们去实行、去追求成长和更上一层楼。这目标给予他们开动成功列车所需的动力，使他们释放出真正的潜能——这就是热情。

（2）乐观向上的精神。

一个能够在一切事情不顺利时仍然微笑的人，比一个遇到艰难就垂头丧气的人，更具有胜利的条件。

（3）要有策略。

策略就是组合各种才能的计划，有策略才能使事情按部就班地完成。

（4）清楚的价值观。

看看那些真正的成功人士，他们虽然职业不同，但却有共同的道德根基，知道为人本分和当仁不让。所以要想成功，就得明白自己的价值观，这是极为重要的关键。

（5）精力充沛。

缺乏活力、步履蹒跚的人想进入卓越之林，那几乎是不可能的。精力充沛之人的四周，几乎整日充满各种各样的机会，忙得他们分身乏术。

（6）超凡的凝聚力。

差不多所有的成功者都有一种凝聚众人的超凡能力，这种能力能把不同背景、不同信仰的一群人集合在一起，建立共识，统一行动，这样才能保证事业成功。

（7）善于沟通。

能带动我们生活和工作的人，都是能与他人沟通的大师，他们具有传送见解、请求、消息的能力，所以能成为伟大的政治家、企业家等。成功者的特质，仿佛是由心中燃烧的火焰，驱使他们去追求成功。拥有成功特质的人，在不断实现自己理想的过程中，也广泛地赢得了世人的欢迎和瞩目。

第七节

有效晋升的完美方略

在日新月异的当今社会，随着科技的飞速发展，竞争日趋激烈。一个人要想在职场上稳坐钓鱼台，并且步步高升并非易事。但是，掌握了正确的方法，职场晋升不再是童话。

对于公司员工来说，晋升几乎是每个人永远追求的梦想。但是，晋升好运并非落在每一个人身上，而只青睐那些成绩出色、工作努力的员工，谁能成为同行的佼佼者，谁就能成为公司老板所青睐的对象。

其实，晋升如同其他事情一样，也需掌握一定的方法，如果使用的方法得当，那么，你将很快地达到你的晋升目标。下面的几种晋升策略也许会带给你一些体悟。

攻略一：毛遂自荐，学会推销自己

当今职场，每个人都要具有自我推销意识，尽力把自己的能力展现给上司和同事，让他们认同你。如果你有惊世之才，却不懂得去推销自己，犹如埋在地底下的一块宝石，无法让人欣赏你的光芒，等于是自我埋没。

当上司提出一项计划，需要员工配合执行时，你可以毛遂自荐，充分表现你的工作能力。

李坚在某研究所就职。一天，办公室主任请他看一份报告，并准备在此之后呈送所长。李坚看后认为："这个报告不行，如果依照它办理，将会导致失败。"他向所长大胆地提出了这一看法。所长说："既然他的不行，那么就请你拿出一份行的方案来吧！"

第二天，李坚拿出一份报告呈递所长，得到所长的大力赞赏。

一个月后，李坚就被提升为办公室主任，原主任也因此而被解雇。

在这个例子中，如果李坚不善于抓住向所长表现自己才能的机会，就很难得到所长的重用。

攻略二：主动去做上级没有交代的事

在现代职场里，有两种人永远无法取得成功：一种人是只做上级交代的事情，另一种人是做不好上级交代的事情。这两种人都是首先被上级"炒鱿鱼"的人，或者是在卑微的工作岗位上耗费终生却毫无成就的人。

在现代职场，过去那种听命行事的工作作风已不再受到重视，主动进取、自动自发工作的员工将备受青睐。在工作中，只要认定那是要做的事，就立刻采取行动，马上去做，而不必等到上级的交代。

攻略三：敬业让你出类拔萃

无论从事什么职业，只有全心全意、尽职尽责地工作，才能在自己的领域里出类拔萃，这也是敬业精神的直接表现。

王凯大学毕业后被分配到一个研究所，这个研究所的大部分人都具备硕士和博士学位,王凯感到压力很大。经过一段时间的工作,王凯发现所里大部分人不敬业,对本职工作不认真,他们不是玩乐,就是搞自己的"第三产业",把在所里上班当成混日子。

王凯反其道而行之,他一头扎进工作中,从早到晚埋头苦干,经常加班加点。王凯的业务水平提高很快,不久成了所里的"顶梁柱",并逐渐受到所长的重用,时间一长,更让所长感到离开他就好像失去左膀右臂。不久,王凯便被提升为副所长,老所长年事已高,所长的位置也在等着王凯。

敬业不但能使企业不断发展,而且还能使员工个人事业取得成功。

攻略四:关键时刻,为上级挺身而出

琼斯是某学院的部门助理,他的上级博格负责管理学生和教职员工。糟糕的签到系统使许多班级拥挤不堪,而另一些班级却是人太少,面临被注销的危险。博格的工作遭到众多师生的非议,承受着改进学生签到系统的压力。琼斯自告奋勇开发一个新的签到体系。博格高兴地同意了他的意见。经过艰苦工作,琼斯开发出一个准确高效的签到管理系统,不久后的一次组织机构改组中,博格升任主任,随即,琼斯被提升为副主任。

对于琼斯开发并成功地完成了这套系统,博格给予了高度赞扬。

一般来说,时刻和老板保持一致,并帮助老板取得成功的人往往会成为企业的中坚力量，并且会成为令人羡慕的成功人士。

当某项工作陷入困境之时，如果你能挺身而出，大显身手，定会让老板格外赏识；当老板生活上出现矛盾时，你若能妙语劝慰，也会令老板十分感激。此时，你不要变成一块木头，呆头呆脑、冷漠无能、畏首畏尾、胆怯懦弱。若那样的话，老板便会认为你是一个无知无识、无情无能的平庸之辈。

攻略五：不要抱怨分外的工作

在职场上，很多人认为只要把自己的本职工作做好，把分内的事做好，就可以万事大吉了。当接到上司安排的额外工作时，不是满脸的不情愿，就是愁眉不展，唠唠叨叨地抱怨不停。

抱怨分外的工作，不是有气度和有职业精神的表现。一个勇于负重、任劳任怨、被老板器重的员工，不仅体现在认真做好本职工作上，也体现为愿意接受额外的工作，能够主动为上司分忧解难。因为额外工作对公司来说往往是紧急而重要的，尽心尽力地完成它是敬业精神的良好体现。

如果你想成功，除了努力做好本职工作以外，你还要经常去做一些分外的事。因为只有这样，你才能时刻保持斗志，才能在工作中不断地锻炼、充实自己，才能引起别人的注意。

攻略六：积极进取，赢得晋升

进取心代表着开拓精神，开拓精神则说明对现实有忧患意识，对未来有探险精神。这样的人才，老板将委以重任。

安于现状的人在老板的心中就是没有上进心的人，这种人也

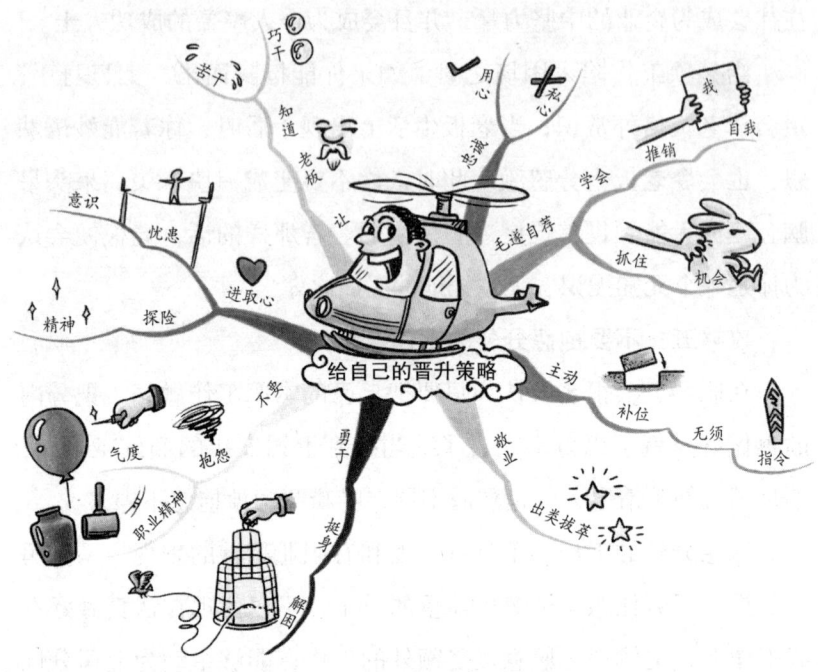

许循规蹈矩,不出差错,但公司不会需要太多这样的人。公司如果是以增长为目标,那么就需要不安于现状、放眼未来的员工。

绝大多数老板希望员工具有积极进取的冒险精神,明知山有虎,偏向虎山行。其实,也只有这样的人才可以令企业有更大的飞跃,那些安于现状的员工只能做"垫底"的功用,这种人令老板放心,但绝不会令老板欣赏。

攻略七:让老板知道你做了什么

你是不是每天全力以赴地工作,数年来如一日?不过,有一天你突然发现,纵使自己累得半死,别人好像都没发现,尤其是老板,似乎从来没有当面夸奖或表扬过你。

这个问题可能不在老板,而是出在你自己身上。大多数的员工都有一种想法:只要我工作卖力,就一定能够得到应有的奖赏。但问题是:光会做没有用,做得再多也没有人知道。要想办法让别人,特别是你的老板知道你做了什么。

攻略八:做一名忠诚的员工

王双长相平平,学历不高,在一家进出口贸易公司做电脑打字员。那年,公司现金周转困难,员工工资开始告急,人们纷纷跳槽。在这危急的时刻,王双没有走,而是劝说消沉的老板振作起来。在王双的努力下,公司谈成了一笔很大的服装业务,王双为公司拿到1000万美元的订单,公司终于有了起色。

后来,公司改成股份制,老板当了董事长,王双则成了新公司第一任总经理。有人问王双如何取得了这样的成就,王双说:"要说我个人如何取得了这样的成就只有两点:那就是一要用心,二没私心。"

不知王双的话对你是否有启发。现在很多人一边在为公司工作,一边在打着个人的小算盘,这样的人怎么能为公司的发展做出贡献呢?公司没有发展,个人又怎能成功呢?

任何一个老板都喜欢忠诚的员工,只有忠诚的员工才能获得老板的信任。如果员工不忠诚,老板就会有如坐针毡的感觉,一些重大的事情就不敢交给这样的员工去做,员工又怎能获得加薪与晋升的机会呢?

第八节

如何在竞争中夺取胜利

在竞争愈来愈激烈的现代职场，面对同样的竞争状态，有的人遭到了失败，有的人却能在竞争中脱颖而出。既然竞争是不可避免的，我们就要积极地面对竞争，以良好的心态去竞争。

在竞争愈演愈烈的现代社会中，同事之间不可避免地会出现或明或暗的竞争，表面上可能相处得很好，实际情况却并非如此。

你有时也许会有这样的困惑：上司对你印象不错，你自己的能力也不差，工作也很卖力气，但却总是迟迟到达不了成功的顶峰，甚至常常感到工作不顺心，仿佛时时处处有一只看不见的手在暗中扯你的后腿。百思而不得其解之后，你也许会灰心丧气颓然叹道："唉，那是上帝之手吧！"

美国斯坦福大学心理系教授罗亚博士认为，人人生而平等，每个人都有足够的条件成为主管，平步青云，但必须要懂得一些应对竞争的技巧。掌握了这些技巧，你的成功也许就能事半功倍。

1. 要有竞争意识

在工作中勤于上进和学有所长的人，有时会遇到这种情况：有些比自己条件差的人却先于自己取得了某种成功，或者比自己升迁得快，或者比自己更被老板赏识和器重。这究竟是怎么一回事呢？答案之一便是缺乏"竞争意识"。

人类自古至今，总是生活在各种各样的竞争之中，一个人要在职场生存和发展，就要有竞争意识，就要有一种比对手做得更好的意识。

勇于竞争和善于竞争，是使自己在人群中脱颖而出和在事业上卓尔不群的基本原因之一。一味埋头赶路而丝毫不顾及其他对手的情况，缺乏在社会上立足的竞争意识，你就很可能会成为在同一起跑线上起跑的落伍者。

2. 加强沟通，展现实力

工作是一股绳，员工就好比拧成绳子的每根线，只有各根线凝聚成一股力量，这股绳才能经受外力的撕扯。这也是同事之间应该遵循的一种工作精神或职业操守。生活中，有的企业因为内部人事斗争，不仅企业本身"伤了元气"，整个社会舆论也产生不良影响。作为一名员工，尤其要加强个体和整体的协调统一。

因为员工作为企业个体，一方面有自己的个性，另一方面，就是如何很好地融入集体，而这种协调和统一很大程度上建立于人的协调和统一之中。所以，无论自己处于什么职位，首先需要与同事多沟通，因为你个人的视野和经验毕竟有限，要避免给人留下"独断专行"的印象。

当然，同事之间有摩擦是难免的，我们应具有"对事不对人"的原则，及时有效地调解这种关系。不过从另一角度来看，此时也是你展现自我的好机会。用实力说话，真正令同事刮目相看。即使有人对你有些非议，此时也会"偃旗息鼓"。

3. 互惠互利，共筑双赢

一只狮子和一只野狼同时发现了一只山羊，于是商量共同去追捕那只山羊。它们配合得很默契，当野狼把山羊扑倒后，狮子便上前一口把山羊咬死。

但这时狮子起了贪念，不想和野狼共同分享这只山羊，于是想把野狼也咬死。野狼拼命抵抗，后来狼虽然被狮子咬死，但狮子自己也受了很重的伤，无法享受美味。

如果狮子不起贪念，和野狼共享那只山羊，那不就皆大欢喜了吗？何必争得个你死我活的"单赢"呢？

单赢不是赢，只有双赢互利才是真正的赢。战争的至高境界是和平，竞争的至高境界是合作。一名职业人士在进入职场伊始，就应当力求这样的结果。互惠互利，共筑双赢，这是与竞争对手寻求共同利益的最好办法。

4. 心胸开阔，以静制动

通常情况下，我们会将自己的竞争对手看作死敌，为了成为那个令人艳羡的胜利者，也许会不择手段地排挤竞争对手。或是拉帮结派，或是在上司面前历数别人的不是，或是设下一个又一个巧计使得对方"马失前蹄"……可悲的是，处心积虑的人往往并不能成为最终的赢家，除了收获沮丧和悔恨，再也得不到别的什么。

5. 学会欣赏你的竞争对手

张前应聘一家著名的广告公司，经过层层选拔，最终进入了复试，成了 6 位入围者之一。复试内容很简单：让每位入围者按要求设计一件作品并当众展示，让另外 5 人打分，写出相关的评语。

张前在评分时，对其中两人的作品非常佩服，怀着复杂的心情给他们打了高分，并写下了赞语。令他意外的是，他入选了！而更令他意外的是，他欣赏的那两人中只有一位入选！他不明白这是为什么。

该广告公司老总的一番话使他幡然醒悟。老总说："入围的

6个人可以说都是佼佼者,专业水平都较高,这固然是重要的方面。但公司更为关注的是,入围者在相互评价中,是否能彼此欣赏。因为,庸才自以为是,看不见别人的长处,若对对方视而不见,那就显得心胸太狭隘了,从严格意义来说那不叫人才。落聘的几位虽然专业水平不错,但遗憾的是他们缺乏欣赏对手的眼光,而这点较专业水平其实更重要。"

在当前日趋激烈的就业竞争中,是否具有欣赏别人的眼光和接纳别人的胸襟,是非常重要的。因为有了这样的眼光和胸襟,才能取长补短,团结协作,共同进步。这也正是复合型人才必备的素养之一。

第九节

如何与他人协作

职场中,对于一个业务专精的员工来说,如果他仗着自己比别人优秀而傲慢地拒绝合作,或者合作时不积极,总倾向于一个人孤军奋战,这是十分可惜的。他其实可以借助其他人的力量使自己更优秀。

成功人士善于合作,因为他们知道一个人在孤岛上是无法生存下去的。所以,他们得出如下结论:一个人要取得成功,就必须学会与别人一道工作,并能够与别人合作。

事实上，那些基业长青的企业都拥有共创卓越的合作意识，甚至可以说，是否拥有这种合作精神乃是企业能否永续光辉的根本。因此，世界500强公司都在着力追求和培养把个人的创造力融入集体协作的合作精神。

然而却有一些职场中人，只工作不合作，宁肯一头扎进自己的专业之中，也不愿与周围的人有密切的交流。这样的人，想靠单打独斗把自己带到事业的顶峰是不可能的。因为，当你费了九牛二虎之力在专业上有所突破的时候，人家早已遥遥领先，你的心血也就随即变成"明日黄花"了。

当今时代是市场经济时代，市场经济是广泛的交往经济，离不开与各种类型人的合作；当今时代又是竞争时代，只有选择合作，才能成为最具竞争力的一族。

那么，我们该如何与别人进行合作呢？

1. 力所能及时，要主动向别人提供援助

可以说，在现代社会里，只靠自己独立就可完成的工作几乎是没有的。随着科技的迅猛发展，越来越多的工作是单个人所不能胜任的，因此，知识共享和合作精神成为对企业员工的基本要求。

任何事物都不可能十全十美，企业的规章制度也是如此，总有些事情是规章制度无法规定的，也一定会有一些意外的情况出现。此时，能否主动请缨，毫无怨言地接受任务，是优秀与平庸相区别的标志。一般说来，老板都会铭记员工对企业的超额付

出，一有机会就会给予回报。

2. 积极参与到团队之中

在团体活动中，如果你总喜欢让别人出头露面，自己却静静地坐在那里，做一个感兴趣的旁观者。那么，你就无法培养自己的社交能力，赢得团体中其他成员对你的尊重，无法对团体的决定施加影响。既然你同样对团体的最终决策负有责任，无论你态度积极或保持沉默，你都可以贡献你的聪明才智。你应该创造积极的心理暗示。

第一步要意识到你的想法或许是不合理的，那些最担心"每个人将认为我是一个傻瓜，都会耻笑我"的人，一般来说是最有思想和见识的。实际上，往往是那些喋喋不休的人缺乏自律意识，善于空谈，徒有热情而无建树。

如果你感到忧虑和焦急，那么，你需要迫使自己迈出第一步。万事开头难，随着你不合理的怪念头的减退，以及你自信心的增强，你就能积极地参与到团体的活动中来，为团体的发展做出自己应有的贡献。

3. 由别人去做结论

平庸的合作者会急于切中他的主题，抢先做出结论，而优秀的合作者则首先创造一个互相信任和心心相印的气氛，然后再提供自己的看法，而且仅仅是提供看法，而由别人做结论。

天锐公司需要添购一套自动化电镀设备，许多厂商闻讯纷纷前来介绍产品，负责电镀车间的老王因而不胜其扰。但是，有一家制造厂商就别出心裁，写来这样的一封信："我们工厂最近完成了一套自动化电镀设备，前不久才运到公司来。由于这套设备并非尽善尽美，为了能进一步改良，我们诚恳地请您前来指教。为了不耽误您的宝贵时间，请随时与我们联系，我们会马上开车接您。"

"接到这封信真使我惊讶。"老王说，"以前从没有厂商询问过我的意见，所以这封信让我觉得自己重要。"看了这套设备之后，没有人向他推销，而是老王自己向公司建议买下那套设备。

所以，要赢得合作，就不要把自己的意见强加于别人身上，而是由别人自己做出结论。

4. 要让对方具有责任感

心理学家分析说，每个人都愿意得到别人的注意，给人以好印象。广为人知的"赫尔逊工厂的试验"就是这种论断的典型例证。

一次，某人事关系专家在赫尔逊工厂做了一个试验，他首先选择一批姑娘参加试验小组。最初改善了试验小组的照明，生产搞上去了，但是，后来把照明恢复到原样，生产仍然上去了，从而得知照明并没有什么特别的效果。以后又进行了缩短工时的试验，生产还是上升了；增加休息时间后，生产又上升了。

以后，管理部门对试验小组又延长了劳动时间，这时的生产还是上升。尽管时间长了，但是姑娘们仍然辛勤劳动。看起来似乎没有什么特别的原因让姑娘们那么辛勤劳动。不论提供给她们的伙食好坏，生产效率都提高了。最后，这个谜终于被解开了：

那就是姑娘们被选入试验小组，产生了责任感。

从前，没有什么人去理睬她们，但是，现在她们得到人们的重视。这正是让姑娘们更加努力的原因所在。

其实，保证你事业有成的方法之一是让与你共事的人喜欢你、欣赏你。只有善于合作，你周围上上下下的人才会希望你成功，并尽他们最大的努力来帮助你实现你的目标，同时也实现他们的目标。在团队成员的帮助下，你能最大限度地发挥自己的才能，并成为举足轻重的一员。

第十节

如何协调工作与生活

我们常常忙于工作而忽视生活，实际上，只有一个真正懂得生活之道的人才能够把握好生活的节奏，达到工作和生活的和谐。

世界上并不存在十全十美的工作，但富有意义的生活却掌握在我们每个人的手中。工作是工作，生活是生活，两者应该尽可能地区分开来。

邢立武和太太宋娇原来就职于一家国有企业，夫妻双方都有一份稳定的收入。每逢节假日，夫妻俩都会带着三岁的儿子到处游玩，一家三口其乐融融。

后来，经人介绍，邢立武和宋娇都各自跳槽去了外资企业。

凭着出色的业绩，他俩都成了各自公司的骨干力量。夫妻俩白天拼命工作，有时忙不过来还要把工作带回家。

三岁的儿子只能被送到寄宿制幼儿园里。宋娇觉得自从自己和丈夫跳到体面又风光的外企之后，这个家就有点旅店的味道了。不知不觉中，孩子幼儿园毕业了，在毕业典礼上，她看到自己的儿子在台上蹦蹦跳跳的样子，竟然有点不认得这个懂事却可怜的孩子。

孩子跟着老师学习了那么多，可是在亲情的花园里，他却像孤独的小花。频繁的加班侵占了周末陪儿子的时间，以致平时最疼爱的儿子在自己的眼中也显得有点陌生了。这一切都让宋娇陷入了一种迷惘和不安当中。

你是否和宋娇一样经常面临如何达到工作与生活和谐的困惑，而找不出合理的理由？面对生活，我们的内心会发出微弱的呼唤，只有躲开外在的嘈杂喧闹，静静聆听并听从它，你才会做出正确的选择，否则，你将在匆忙喧闹的生活中迷失，找不到真正的自我。

1. 寻求一种简单的生活方式

过一种简单生活，这是一种全新的生活方式。首先是外部生活环境的简单化，因为当你不需要为外在的生活花费更多的时间和精力的时候，才能为你的内在生活提供更大的空间。其次是内在生活的调整和简单化，这时候你就可以更加深层地认识自我的本质。

现代医学证明，人的身体和精神是紧密联系在一起的，当人的身体被调整到最佳状态时，人的精神才有可能进入轻松时刻；而当人的身体和精神都进入佳境时，人的生命力才能更加旺盛，然后才能达到更上一层楼的境界。

你的生活节奏为什么总是那么快？你可不可以寻找一些更简单的生活方式？也许你早已经习惯了都市快节奏的生活，你不必离开它，更不必让生活后退，你只需换一个视角，换一种态度，改变那些需要改变的、繁杂的、无真实意义的生活，然后全身心地投入到自己的生活中。

2. 跳出效率的"陷阱"

在快节奏的工作中，我们往往过于重视效率，而忽略了生活。

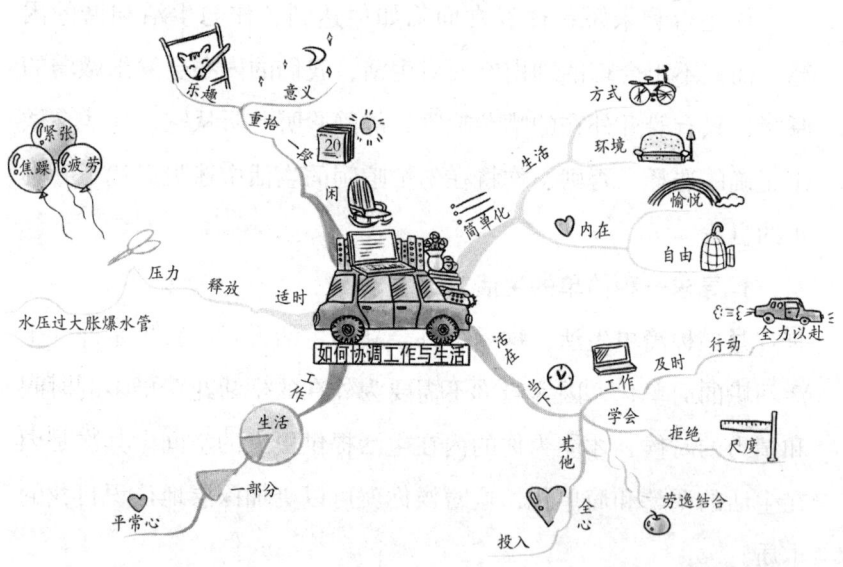

太多机器按钮等我们去按,生活忙乱不堪,工作效率低下且毫无乐趣。

在效率的鞭策下,每个人都像机器一样忙得一刻也停不下来,这样的生活注定毫无幸福可言。事实上,以人的价值来看,我们应该依照人性来处理工作和生活的关系。

效率和花费的时间并不一定成正比。强迫自己工作再工作,只会耗损体力和创造力。我们需要暂停工作,让自己歇息一下。每当你放慢脚步,让自己静下来,就可以和内在的力量接触,获得更多能量重新出发。一旦我们能明白工作的过程比结果更令人满足这个道理,我们就更能够乐于工作了。

3. 别把工作看得太重

工作并不是生活的全部。一位真正懂得生活之道的人不应当把工作看得太重,以免为此背上太过沉重的包袱,这样你才能享受更轻松的生活和更高效的工作。

4. 学会给自己适时减压

就像我们不能逃避工作一样,我们也无法逃避工作中的压力。其实,在工作中有压力并非坏事,因为人有一定的压力可以促使自己更加努力地寻求进步。

但是,压力过大则绝非好事,它会让我们陷入紧张、焦躁、疲劳的状态中,这时,工作不顺心,生活也就无法开心。所以我们要学会适当地缓解压力,释放压力,使压力保持在我们能承受的限度内,不要发生"水压过大胀爆水管"的可怕事故。

5. 抛开一切，让自己闲一段

一位上班族曾在博客中描述过自己的一天：

6点半铃声响起，开始忙着起床，洗澡，穿职业装，吃早餐（如果有时间的话），抓起水杯和工作包（或者餐盒），跑向公交车站，挤进车内，接受每天被称为高峰时间的惩罚。

从上午9点到下午5点工作……装得忙忙碌碌，掩饰错误，微笑着接受不现实的最后期限。当"重组"或"裁员"的斧子（或者直接炒鱿鱼）落在别人头上时，自己长长地松了一口气。扛起额外增加的工作，不断看表，思想上和你内心的良知斗争，行动上却和你的老板保持一致。再次微笑。

下午5点整，再次跑向公交车站，挤了进去，接受一天之中的第二次高峰时间的惩罚。与配偶、孩子或室友友好相处。吃饭，看电视。

文章中描写的那种机械无趣的生活离我们并不遥远。每天，我们都在忙碌着，置身于一件件做不完的琐事和没有尽头的杂念中，整天忙忙碌碌，丝毫体验不到生活的乐趣。此时，我们就需要抛开一切，让自己放松下来，这样，你就会重新找到生活的意义和乐趣。

第七章 突破自我,快速提升社交能力

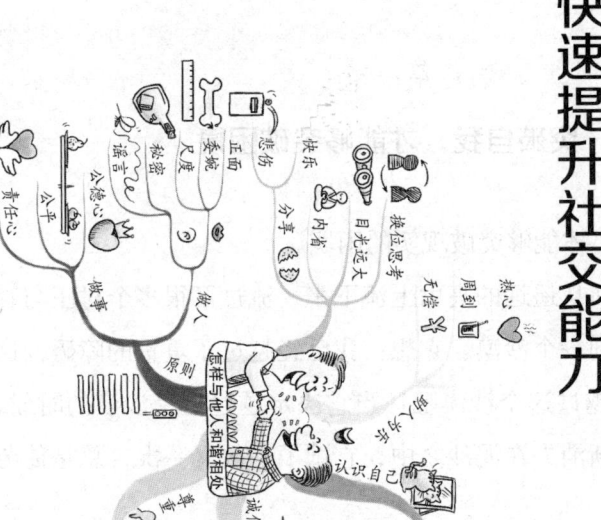

第一节

突破自我，才能够突破困境

突破自我，才能够突破现实的困境。

有一条小河从遥远的高山上流下来，流过了很多个村庄与森林，最后它来到一个沙漠。它想：我已经越过了重重的障碍，这次应该也可以越过这个沙漠吧！当它决定越过这个沙漠的时候，它发现河水渐渐消失在泥沙之中，它试了一次又一次，总是徒劳无功。

于是，它灰心了。"也许这就是我的命运，我永远也到不了传说中那片浩瀚的大海。"它颓废地自言自语。

这时候，四周响起了一阵低沉的声音："如果微风可以跨越沙漠，那么河流也可以。"原来这是沙漠发出的声音。

小河流很不服气地说道："那是因为微风可以飞过沙漠，可是我却不可以。"

"因为你坚持你原来的样子，所以你永远无法跨越这个沙漠。你必须让微风带着你飞过这个沙漠，到达你的目的地。你只要愿意放弃你现在的样子，让自己蒸发到微风中。"沙漠用它低沉的声音建议道。

这种建议超出了小河的想象。"放弃我现在的样子，然后消失在微风中？不！不！"小河流无法接受这样的事情，毕竟它从未有过这样的经验，叫它放弃自己现在的样子，那不等于自我毁灭吗？"我怎么知道这是真的？"小河流这么问。

"微风可以把水汽包含在它之中，然后飘过沙漠，等到了适当的地点，它就把这些水汽释放出来，于是就变成了雨水。然后，这些雨水又会形成河流，继续向前进。"沙漠很有耐心地回答。

"那我还是原来的河流吗？"小河流问。

"可以说是，也可以说不是。"沙漠回答，"不管你是一条河流或是看不见的水蒸气，你内在的本质从来没有改变。你之所以会坚持你是一条河流，因为你从来不知道自己内在的本质。"

此时，小河流的心中，隐隐约约地想起了自己在变成河流之前，似乎也是由微风带着自己，飞到内陆某座高山的半山腰，然后变成雨水落下，才变成今日的河流。于是，小河流终于鼓起勇气，投入微风张开的双臂，消失在微风之中，让微风带着它，奔向它生命中的归宿。

生命是一个不断改变以适应外界变化的过程。只有不断地调整自己的心态，积极改变，才能战胜生活中的重重困难，顺利地走向成功。

海尔刚刚拓展海外市场的时候，很多人不理解，海尔守着中国市场，完全可以吃大块的肉，可到了国外市场，或许只有喝汤的份儿。

对此，张瑞敏的看法不同，他觉得海尔之所以要走出去，并不是因为他们强大到什么都不怕，相反，是因为想到不出去的后果更可怕，所以才出去。

如果不出去，就很难知道竞争对手有什么样的实力，有什么样的规则。所以，张瑞敏曾提出一个口号叫作"国门之内无名牌"，必须走出去，锻炼和提高自己的竞争能力。

张瑞敏说："海尔刚刚出去的时候，只是刚刚进小学的一个小学生，但是我们的对手可能是大学生或者是研究生，我们根本不可能和人家对话。

"虽然小学生是一定要败给大学生的，但这个小学生是为了想成为大学生才出去的，所以，我们要老老实实地向人家学习，慢慢地提高自身的竞争能力。"

有人问张瑞敏："如果先把小学生培养成大学生，再出去跟他们较量，会不会更好一些呢？"

张瑞敏回答道："在这个环境里头永远培养不出大学生来，打个比方来说，你要游泳，但是你老是在岸上，不下水，在地面上学习这些动作，即使这个动作学习得再好、再漂亮，你也永远不会成为游泳高手。

"所以，必须在水中学习游泳，进去之后可能会喝几口水，可能会受一些挫折，但是最终你一定会成功。"

张瑞敏之所以冒天下之大不韪，选择到美国设厂，为的就是四个字：先难后易。

虽然海尔的国际化进程一开始并不被一些保守人士所接受，然而据海尔自己披露，自1998年以来，海尔在美国的销售量年均增长率达115％，市场份额也在不断扩大，海尔的公寓冰箱及小型冰箱已占美国30％以上的市场份额，海尔冷柜已占12％的份额，海尔酒柜已占有50％以上的份额。

就像一个企业一样，我们自身也会面临许多层出不穷的问题，当我们遇到困境和难题的时候，也应当像海尔一样，要勇于自我挑战和自我超越，只有突破了自我，才能够突破困境。

第二节
利用思维导图提高情商

著名 GOOGLE 公司中国区总裁李开复曾说："情商意味着：有足够的勇气面对可以克服的挑战、有足够的度量接受不可克服的挑战、有足够的智慧来分辨两者的不同。"自20世纪90年代以来，一个新的名词"情商"被人们普遍使用，有研究者甚至认为，一个人的成功,情商因素远远大于智商因素。

那么什么是情商呢?情商是怎么被人们发现的,这个概念又是谁提出来的?我们能不能把握自己的情商呢?

科学研究的结果表明,人的情商不是一成不变的,是可以通过对大脑的开发及科学的训练得到不断提高的。大量的实践证明思维导图就是可以引导大家迅速提高情商的有力工具。

情商就是情绪商数,情绪智力,情绪智能,情绪智慧。也就是我们经常说的理智、明智、理性、明理,主要是指的你的信心,你的恒心,你的毅力,你的忍耐,你的直觉,你的抗挫力,你的合作精神等一系列与人素质有关的反映程度。它是一个人感受理解、控制、运用表达自己以及他人情绪的一种情感能力。

1995年,美国哈佛大学心理学教授丹尼尔·戈尔曼提出了"情商"(EQ)的概念,认为"情商"是一个人重要的生存能力,是一种发掘情感潜能、运用情感能力影响生活各个层面和人生未来的关键品质因素。戈尔曼认为,在成功的要素中,智力因素固然是重要的,但情感因素更为重要。

丹尼尔·戈尔曼在其所著的《情感智商》一书中说:"情商高者,能清醒了解并把握自己的情感,敏锐感受并有效反馈他人情绪变化的人,在生活各个层面都占尽优势。情商决定我们怎样才能充分而又完善地发挥我们所拥有的各种能力,包括我们的天赋能力。"丹尼尔·戈尔曼所偏重的是日常生活中所强调的自知、自控、热情、坚持、社交技巧等心理品质。

为此,他将情商概括为以下 5 个方面的能力:

(1)认识自身情绪的能力;

(2)妥善管理情绪的能力;

(3)自我激励的能力;

(4)认知他人情绪的能力;

(5)人际关系的管理能力。

哈佛心理学家麦克利兰研究一家全球餐饮公司,发现高情商的人中,87% 业绩突出,奖金额领先,其所领导的部门销售额超出指标 15% ~ 20%。而情商低的人,年终考评成绩很少取得优

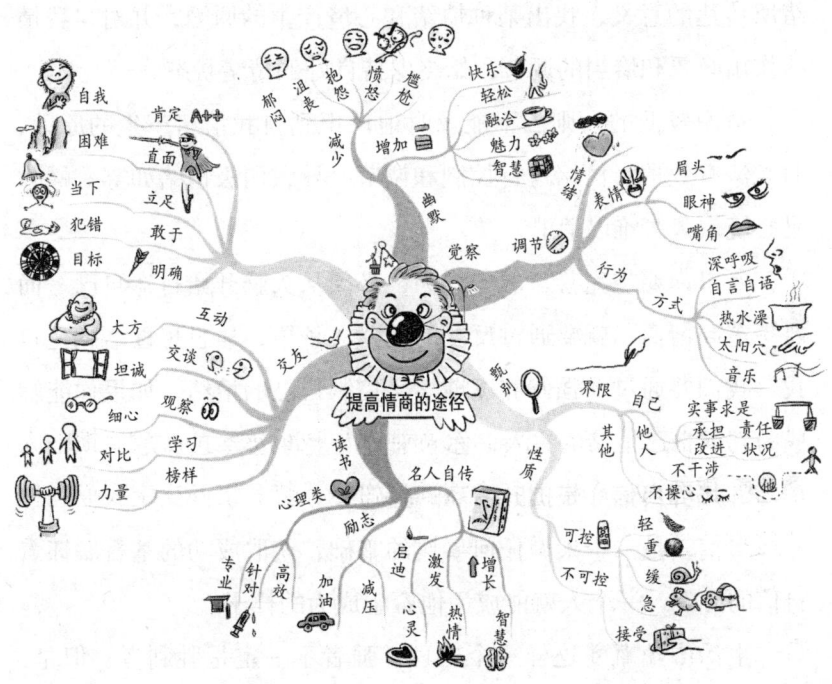

秀，其所领导的部门业绩低于指标20%。所以，著名的二八法则告诉我们：成功的20%靠智商，80%靠情商。

在这里，有三种提升情商的途径：

1. 学会控制情绪是提升情商的前提

很多人在情绪发作过后，错已铸成的时候，才后悔当初没有控制好自己的情绪，其实问题的所在并不是他没有控制情绪的能力，而是他没有在日常生活中养成控制自己情绪的习惯，没有认识到失去控制的情绪是可以随时将人带入天堂或地狱的。

情商较高的人往往能有效地察觉出自己的情绪状态，理解情绪所传达的意义，找出某种情绪和心境产生的原因，并对自我情绪作出必要和恰当的调节，始终保持良好的情绪状态。

情商较低的人则因不能及时地认识到自我情绪产生的原因，而无法有效地对情绪进行控制和调节，导致消极情绪如雾一样弥漫心境，久久难以消退。

所以，要想完善自己的行为，必须从头脑开始打造自己。而要打造高情商，就要通过反复的实践去领悟，让思想逐渐感化自我。我们要通过加强修养逐渐学会控制自己的情绪，如果你能够成为驾驭自己情绪的主人，你未来的人生肯定会更加美好。

2. 培养自信心是提升情商的基础

自信，是一个人做任何事情的基础、获取成功的基石。怀着自信的心态，一个人就能成为他希望成为的样子。

生活中蕴藏着这样一个道理，强者不一定是胜利者。但是，胜利者都属于有信心的人。一个不能说服自己能够做好所赋予任务的人，不会有自信心。

平时，对自信习惯的培养很重要。对事情进行分析，找出事情获得成功的关键因素，对非关键性因素，自己的非能力，要正确面对，要学会抓大放小。

一个具有自信心的人，通常会认为自己有智慧、有能力，至少不比别人差；有独立感、安全感、价值感、成就感和较高的自我接受度。同时，有良好的判断力、坚持己见，具有良好的合作精神和适应性。

一个自信的人，不会在任何困难面前轻易低头。你觉得自己将无一是处，你就不会再向更高的目标努力。因为良好的自我心像表现出来就是自信心。

3. 用幽默感提升情商层次

在幽默大师查理·卓别林眼里，幽默是智慧的最高体现，具有幽默感的人最富有个人魅力，他不仅能与别人愉快相处，更重要的是拥有一个快乐的人生。

幽默能使生活变得轻松，使你生活在愉快的氛围里。生活虽然说起来充满了喜怒哀乐，但是谁都盼望自己的生活中多一些欢乐，少一些忧愁和烦恼。幽默的语言可以对人们的生活做出恰当的喜剧性反映，它通常会带给人们极大的趣味性和娱乐性，有时它还可以消除生活中的一些窘境，减少那些不愉快的情绪，给生活带来轻松和乐趣。

幽默在人们生活中的重要性，如同生物对于阳光、水和空气的需要。对疲乏的人们，幽默就是休息；对烦恼的人们，幽默就是解药；对悲伤的人们，幽默就是安慰；对所有的人，幽默就是力量！

第三节
用爱心和诚信编织自己的社交网络

生活中，当你迫切需要有一位知心朋友、一份新工作、一栋新房子或提升你的专业技能时，你可以去找专业人士咨询介绍。但是如果你拥有一个完好的社交网，你完全可以不花这份"冤枉"钱，你所需要的一切建议都可以从人际网中免费获得，而且是最快速、最安全、最可靠的。

当然，这个前提是你必须用爱心和诚信来编织。同时你需要建立一个自己的朋友档案。

那么，平时应该怎样建立自己的朋友档案呢？

首先，你可以把上学时的同学资料做一个记录整理出来，当毕业几年甚至几年后，你会有很多同学分散在各种不同的行业，有的可能已经在某个行业小有成就。当你需要帮忙时，凭着你们原来的同窗关系，他们一定会帮你忙的。这种同学关系还可从大学向下延伸到高中、初中、小学，如能充分运用这种关系，这将是你一笔相当大的资源和财富。当然，要建立起这些同学关系，你得经常与他们保持联系，并且随时注意他们对你的态度。

其次，整理你身边朋友的资料，对他们的具体情况做个详细记录。他们的住所、电话、工作等。工作变动时，也要在你的资料上随时修正，以免需要时找不到人。

同学和朋友的资料是最不能疏忽的，你还可以在档案中记下他们的生日，并在他们生日时寄上一张贺卡，或者一份精美礼物，这样你们的关系一定会突飞猛进。平时注意保持这种关系，到你有事相求时，他们一定会尽力相助，万一他们自己帮不了你，也可能动用自己的关系网为你帮忙。

最后，在应酬场合中认识的"朋友"也不能忽略，尽管你们只交换过名片，还谈不上交情。这种"朋友"面很广，各行业各阶层都有，所以你应该保留好这些名片，并且在名片上尽量记下这个人的特征，以备再见面时能"一眼认出"。

现代社会，电脑已经成为很多人不可缺少的办公设备，因此你也可以用电脑建立一个朋友档案。也有人用笔记簿，还有人用名片簿，这些都各有长处。

不管你使用什么方法，在建立这种档案时，有几点你必须记住：每个朋友对你都有用处，每个朋友都不可放弃，每个朋友都要保持一定的关系。

人与人之间的感情是在相处中慢慢培养出来的，人与人之间的关系也会随着感情的加深而加深。在现代社交中，不仅要拥

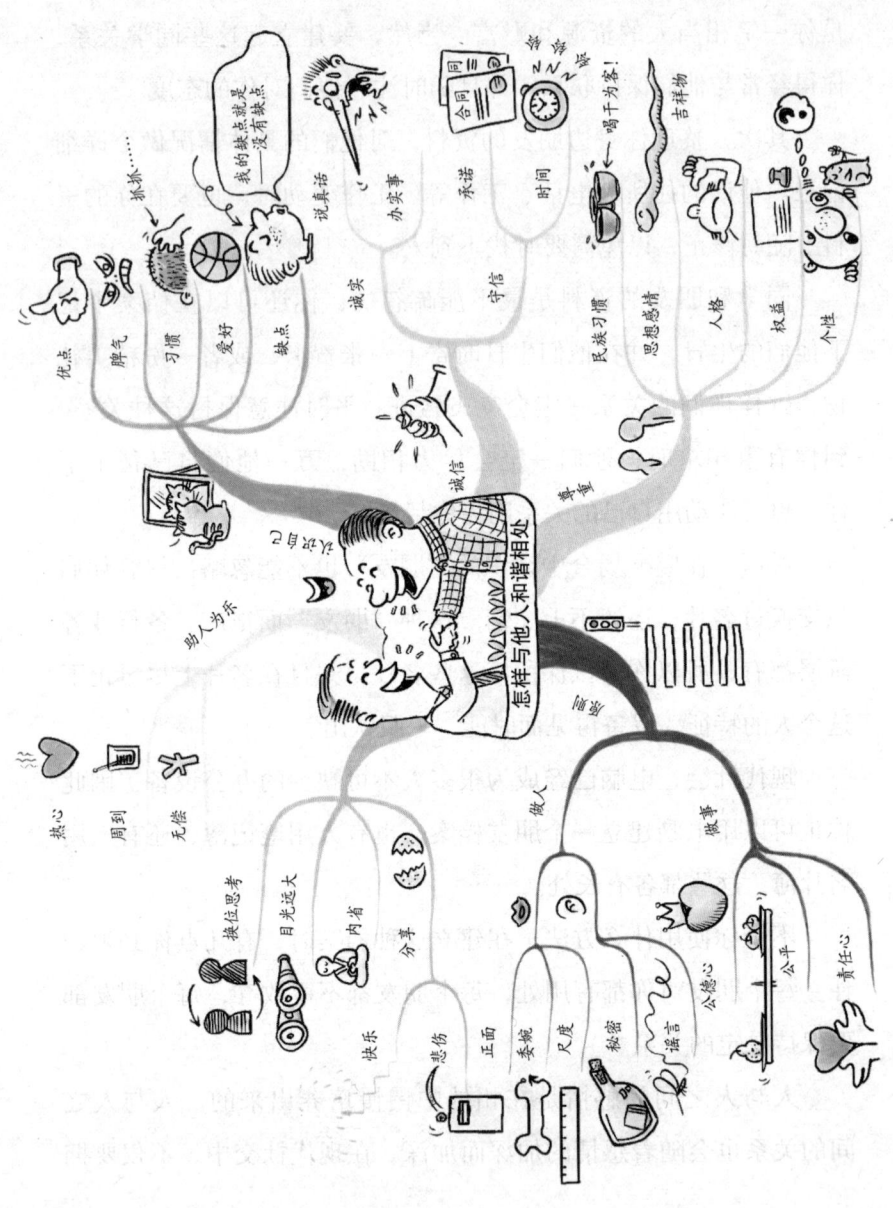

有自己的朋友档案，还要学会如何与他人和谐相处，这样才能将"社会关系"这张网编织完美。

那么，怎样才能使自己广结人缘并与他人和谐相处？

要想与人和谐相处，最起码应该做到以下几点：

（1）要学会真诚地欣赏和赞美别人的长处，因为每个人的身上都有自己闪光的一面，所以学会欣赏并赞美别人，是赢得友谊的第一步；

（2）在与人相处时，不要处处争强好胜，处处显得比对方强，这样容易引起对方的反感，甚至引发矛盾；

（3）在与人交往中，应学会分享别人的喜怒哀乐，注意给他人以支持和鼓励；

（4）要学会尊重和认可他人的独特性，尊重他人的隐私权，给他人以独处的空间和时间。

只有当我们了解了他人和自我之后，才会积极主动地与他人交往，取得他人的认可和接受，以乐观向上的态度面对生命的每一天，学会善待自己，善待他人，是与他人和谐相处的基础。

生活中，只有你懂得了怎样与人和谐相处之后，才能结交更多的好朋友，学习到更多的东西，甚至帮助你迈向更大的成功。相反，也许你很能干，聪明过人，可是不懂得维护自己的"网络"，搞得关系紧张，人们不喜欢你，那么很多人为的机遇就会与你失之交臂，到头来你将一事无成。

现在，请你找出一张空白纸出来，画一幅表示你人际关系的思维导图，称量一下自己与人交往中，爱心和诚信的重量是多少？接下来，你就知道该怎么做了。

第四节
换位思维法

换位思考是人际交往的重要方面，可以避免争端，有效缓和人与人之间的矛盾。

换位思考的一个特点是，必须站在对方的立场去感受和思考。如果我们总是站在自己的位置上去"猜想"别人的想法及感受，或是站在"一般人"的立场上去想别人"应该"有什么想法和感受。那么，可想而知，会有一个什么样糟糕的结果。

有时候，我们看起来是在为对方思考，但是，你不仅没有因此而得到别人的感激，甚至还引起别人的反感。当事情的后果不如我们所想象或期待时，我们也多半觉得委屈，觉得"出力不讨好"。那么，事情是不是真的这样呢？还是有其他原因？

仔细分析就会发现，这种换位思考并不是真正的换位思考，而是以本位主义来了解别人的想法及感受，这并非真正地为别人着想，因为它忽略了"对方"真正的想法及感受。这样导致的结果有可能使彼此间的关系变得更加紧张，因为大家都没有彼此完全理解或欣赏对方的观点。

比如，A、B 两个人以前是很好的伙伴，这次闹了矛盾，A 总觉得是 B 伤害了自己，他就认为是 B 不好。而 B 认为是 A 伤害了自己，他也觉得 A 不好。如此下去，两人的误会越来越深，甚至到了无法调和的地步。

但是，运用思维导图就可以化解开两人的矛盾，给双方提供一个交流的平台，避免更负面的影响。

另外，还可以借助思维导图的发散性和无所不包的本质，使矛盾双方把各自的问题放在一个更为宽广和积极的环境下加以分析考虑。

不得不承认的是，在使用思维导图较为广泛的地方，不少人因为制作思维导图，真正地互换位置为对方考虑，最终成功挽救了彼此间的友谊。

比如，面对 A、B 两个的误解，我们同样可以用思维导图化解，但前提是，两人都完全认可并理解思维导图的理论和应用方面的有效作用。

首先，矛盾双方可以分别制作一个思维导图，把自己体会到的问题和对方在交流时表现出来的问题罗列出来。

比如，A 在中央图像的上下两端画上两个人的人脸，中间由一条粗线连接，然后围绕两人表现出一些基本的人性特征。

A 在中间连接线的左边标出影响两人的消极特征，是对两人不利的方面；在连接线的右边标出两人的积极特征，而且是有助于解决问题的方面。

同时，A还可以在图形的左边列出引起两人矛盾的环境因素，而右边可以相应地列出可以克服冲突问题的一些特征品质和方法。

另外，A为了表达换位思考的重要性，达到消除误会的目的，还可以在消极的一面画上表示交流被完全封闭，彼此听不进任何意见的图像，代表着冲突、争斗和不团结；在积极的一面画上笑脸，表示创造、友善、幸福和高效率。

B也需要制作一幅单独的思维导图，把自己对冲突事件的认识，喜欢以及讨厌对方的一些方面罗列出来，包括解决问题的方案。

为了使问题细化、客观，两个人也可以分别画三幅思维导图，把喜欢对方、讨厌对方、解决方案分别绘制出来。

然后，两人可以坐在一起进行正式讨论，两人也可以轮流表达自己的观点，可以先针对负面消极的思维导图，再讨论积极的思维导图，最后一起探讨解决的方案。

两人在探讨过程中，允许一方发表意见，另一方只是聆听，一定要听对方讲完。或者在事先准备好的白纸上，把对方的观点全面而准确地做成思维导图。当另一方发表意见的时候，互相轮换，一方同样制作思维导图。

最后的关键是，两人彼此交换意见，包括探讨解决问题的方法。紧接着，两人可以把双方意见中一致的地方找出来，并确定一个行动方案，使冲突得到最大限度的化解。

第五节

悉心倾听，开启对方的心门

如果想成为一个讨人喜欢的人和一个成功的人，应该学会在说话之前先倾听别人的意见。

有一位美国管理学专家说过，高效经理人的秘诀之一，就是先倾听别人的意见。这一方面体现了对别人的尊重。作为下属，如果他的老板能够专心倾听他说话，他会感到幸福。作为合作伙伴，如果对方给他首先说话的机会，他会对其马上产生好感。另一方面，只有听了别人的意见，才能够知道他心里想的是什么，也就能相应地做出反应，有利于决策的优化。而如果不愿意倾听别人的话，则会让人非常不快，弄不好还会带来麻烦。

在商场上应该遵循先倾听别人说话的原则，在日常生活中也是一样。人们都喜欢别人认真倾听自己的话，然后根据听到的来表达自己的意见。是否在说话之前先倾听，对于人际关系的影响是非常大的。

倾听是一门艺术，运用思维导图，同样可以艺术地帮助我们。

古罗马诗人帕布利琉斯·赛勒斯曾经表示：一个人对他人感兴趣的最好、最简单、最有效的方法就是倾听他们说话——真正在听，关注他们说的每一句话，而不是站在那里盘算自己接下来该说些什么话题或奇闻逸事!

积极的悉心的倾听,能够表明你对对方的重视和尊重,能够轻易获得对方的好感,是走进他人内心的钥匙。

其实,倾听别人说话就是这样,你若能耐心地听对方倾诉,这就等于告诉对方"你说的东西很有价值""你是一个值得我结交的人"。无形中,对方的自尊得到了满足。这样,彼此心灵间的交流就会使双方的感情距离越来越近。可见,善于倾听无形中起到了褒奖对方的作用,是建立良好人际关系的一个必要的手段。

交谈与倾听过程中,其实是按照一定的顺序进行的,不是想说什么就说什么,想什么时候说就什么时候说。即,需要双方的相互配合才能使谈话进行下去。

在这里,为你介绍几种倾听的艺术,供你参考:

(1)创造一个适合交谈和倾听的环境。比如环境很安静,能使对方达到身心放松的状态。

(2)在倾听对方说话过程中,要适时地表现出积极的身体语言,你能获取比对方说的话本身更多的内容。

(3)利用眼睛的优势,热情的目光可以表明你对聆听非常感兴趣,因而也仍然对他人感兴趣。

(4)客观看待一些容易触发我们负面情绪的词汇,试着用更开放的态度去看待它们。

(5)学会一边聆听一边注意思考对方的身体语言,及时捕捉

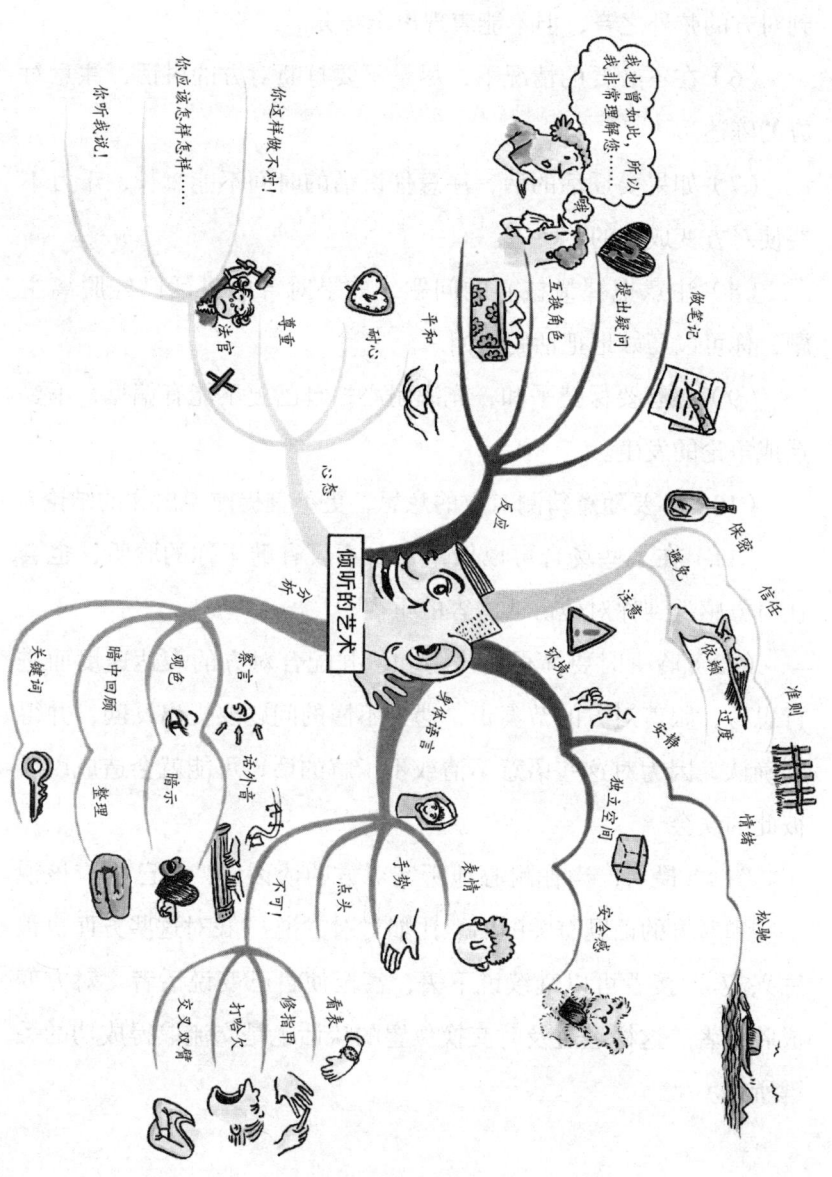

到对方的弦外之音，但不能表现出走神儿。

（6）在不必要的情况下，尽量不要打断对方的讲话，注意对方的陈述。

（7）如果要插话的话，注意你讲话的时间不能太长，千万不要使对方变成你的聆听者。

（8）注意把握最核心的问题，如果对方的讲话已经脱离主题，你可以巧妙地把话题拉回来。

（9）心态要保持平和，充满耐心，自己更不能有偏见，不要造成争论的发生。

（10）不要随意猜测对方的意思，更不宜提前说出你的结论。

（11）在某些场合可以做笔记，不仅有助于你的聆听，也会让对方感觉到你对他讲话内容的重视。

（12）聆听时要懂得随声附和，并配合对方的表达速度而进行思考，跟着对方的节奏走，遇到不懂的问题要提出疑问，并得到确认。因为对这些语意不清或不了解的话，可能就会造成以后彼此的误会。

（13）最后，当你耐心地听完对方的谈话后，自己也应该说一些和对方的话题有关的话。比如对对方说："我对这些方面也很感兴趣。"接着可以继续说下去，甚至使自己变说话者，对方变成聆听者。这样经过及时交换位置的谈话也是交流取得成功的关键所在。

第六节

用"沟通"抹去"代沟"

一个不善沟通的人就不会有良好的人际关系,更不用说与别人合作,达到共赢,拥有成功的事业了。从某一层面上来说,一个人沟通所能达到的程度决定了他事业的品质。

我们每个人都是一个独立的个体,每个人都有不同的观念,不同的文化背景,不同的价值观,甚至有不同的语言。

但在社会这个群体中,个体便会聚集起来。一个人要把自己的想法向别人表达清楚需要沟通,一个人要从别人那里得到什么,也需要沟通。

人和人之间存在着差异,就必然会有代沟。如果想要消除它,沟通是必不可少的。要拥有良好的沟通品质和沟通效果,最好遵循以下几个原则:

(1)多谈对方感兴趣的话题;

(2)多谈对方熟悉的事情;

(3)多谈对对方有利有益的事情;

(4)多用推崇、赞美的语言;

(5)多听少说。80%用于听,20%用于说;

(6)多问少说。80%用于问,20%用于说;

（7）多谈轻松的话题。

由上我们可以看出，在沟通中，学会倾听是至关重要的。不同的倾听会带来不同的结果：

（1）完全不用心的倾听。这种人心不在焉，只沉迷于自己的内心世界，这样就会产生很深的代沟，甚至无法抹去。

（2）假装在倾听。这种人好像是在用身体语言倾听，有时还会复述别人的话来做回应，但实际上并未有实质上的沟通。

（3）选择性的倾听。这种人只沉迷于自己感兴趣的话题和自己关心的事情，虽然有所沟通，但却容易产生歧义。

（4）留意地倾听。这种人全心全意地凝神倾听，可惜他始终从自己的角度出发，看似沟通，但却从己方想对方，代沟没有完全消除。

（5）同理心倾听。站在对方角度倾听，实现了与人的同步理解沟通。

沟通并无好坏之分，唯有去考虑其优点和缺点，才能解决问题。

想要拥有同理心，同步是第一步。在实际的沟通中，彼此认同既是一种可以直达心灵的技巧，又是沟通的动机之一。这样，在认同这个态度上，外在技巧和内在动机就结合得比较完美。认同经由同步而来，沟通关系都是从同步开始跨出第一步的。并且，认同的目的几乎就是达到同步，这就形成了一个奇妙的过程：同步—认同—同步。

作为沟通的第一步,同步指的是沟通双方彼此经过协调后所形成的、有意要达到同样目标时所采取的相互呼应、步调一致的态度。它意味着沟通在经过彼此的默许和暗示之后正走在通向顺利的路上。

只有当沟通双方站在对方的角度看问题时,同步才会开始。于是,彼此都寻找到共同点。各种共同点综合起来,沟通的可行性就大了。所以说,要沟通就得寻求同步。

如此看来,如果想与人很好的沟通,就要做到同理心倾听,这样做,就能够实现真正的沟通,使合作无阻碍,为共赢铺平道路。在对与人倾听的几种层次区分之后,你就可能通过观察判断,采取相应的配合措施,从而达到与他人有同感。

有了同感就可以更加顺畅地沟通。这其中相当重要的是投其所好。站在对方的角度,发现对方的兴趣立场,"知己知彼,才能百战不殆"。

无论是在哪种场合下与人交际,总是可以通过很多渠道了解到对方的喜好。对他人喜好之物表示兴趣,可以顺利地找到沟通的共同点。

但要做好投其所好并不是容易的,这个问题不适合主动挑起,更多的是要暗示,因为不经意和他人的兴趣爱好相一致,更令他人兴奋。

如果主动挑起话题,往往达不到效果。比如说一个喜欢书法的人,你要是主动去和他大谈特谈书法,他可能很厌烦,因为这方面他是专家,你所说的在他看来一句都说不到点子上。如果你无意中表示出兴趣来,让他来谈论,你们的沟通就会很迅速地达到融洽。不经意地表达出和别人一样的兴趣爱好,会让别人主动趋近自己。

寻找对方的兴趣点,达到知己知彼,沟通才能够畅通无阻,没有代沟,使合作无间,携手共赢,走向成功之路。

第七节

如何打造个人品牌

美国商业图书《个人品牌》的两位作者戴维·麦克纳利和卡尔·D.斯皮克指出,要想利用企业智慧来推动个人成功,要想拥有和谐愉快的生活,你就要像那些"品牌明星"们一样,建立起自己强有力的个人品牌,让大家都真正理解并完全认可你。

你想知道21世纪最巧妙的职场成功法则吗?答案就是打造个人品牌。美国著名管理专家汤姆·彼得斯曾说:"大公司都了解品牌的重要性……现在,在个人主义时代,你必须拥有你自己的个人品牌。"

在经济活动中,品牌的概念有很准确的定义:品牌是买主或潜在买主所拥有的一种印象或情感,描述了与某组织做生意或者消费其产品或服务时的一种相关体验。

将品牌的概念放在个人角度去考虑，那就是：你的品牌是他人持有的一种印象或情感，描述了与你建立某种关系时的全部体验。

你的品牌就是你的身价！美国电影明星伍迪·艾伦说："只要在工作中为人所知，那么，你就成功了90%。"对一个演员来说，这是至理名言。而对于职场来说，个人品牌同样重要。

个人品牌的价值影响到你在职场上的成功与否，而提升你的品牌价值无疑是最关键的一步。那么，怎样打造自己的个人品牌，为自己在职场成功打下基础呢？

1. 给自己的个人品牌进行定位

你想成为什么类型的员工？你的个人特长在哪儿？你的个性适合从事什么样的工作？你目前的工作有价值吗？不同的人会有不同的职场定位。找出自己在职场存在的独特价值，是个人品牌定位的关键。

阿西莫夫是一个科普作家，同时也是一个自然科学家。一天，当他正埋头进行科学研究的时候，突然意识到："我不能成为一个一流的科学家，却能够成为一个一流的科普作家。"

于是，他把全部精力放在科普创作上，终于成了当代著名的科普作家。

打造个人品牌的第一件事，就是找出自己与他人不同的特质，给自己一个准确的定位，然后沿着这种定位不懈地努力下去。

2. 树立良好的外在形象

你的外在形象直接影响着别人对你的评价、估量，你穿着得体，无形中就抬高了自己的身价，别人就容易答应你的要求。

一个人的外貌的确很重要，穿着得体的人给人的印象就好，这等于在告诉大家："这是一个重要的人物，有智慧、有成就、可靠。大家可以尊敬、追随、信赖他。他自重，我们也尊重他。"反之，一个穿着随便的人给人的印象就差，它实际在告诉大家："这是个没什么作为的人，太马虎、没有效率、没有地位。"

人的第一印象是最深刻的。长相凶恶的人令人害怕，缺乏自信的人总是让人觉得猥琐。一些人之所以很容易博得别人的欢心，正是因为他能给人良好的第一印象，这正体现了外在形象的重要性。

3. 打造你的强者气质

一个人能否成就伟业，关键不在于他目前拥有什么，而在于将来能做什么，即是否具有潜能、爆发力等强者素质。假如你具有强大的领导能力和开拓能力，具备成才的优良素质，即使现在身无分文、毫无社会地位，仍可保持一种吸引人的巨大魅力，让接触你的人佩服你、尊敬你。这就是一种强者气质。

其实，考验一个人是否具备强者气质，不在创业之始，甚至不在成就事业之后，而是在开拓事业的过程中，尤其表现在突然遭受重大挫折之时，即距离成功目标的道路越长，遭遇波折越大，越能体现一个人是否坚强，越能检验一个人的耐力和勇气。

事实上，任何一个具备强者气质，并终成大业者，都是在磨难与痛苦中接受历练而成熟起来的。

拥有了强大的实力，优良的气质，一个人才能成就一番事业。

4. 提高自己的个人品质

正如企业品牌、产品品牌一样，个人品牌也要有知名度、美誉度，尤其是忠诚度。也可以说，个人品牌就是能力和品质，其

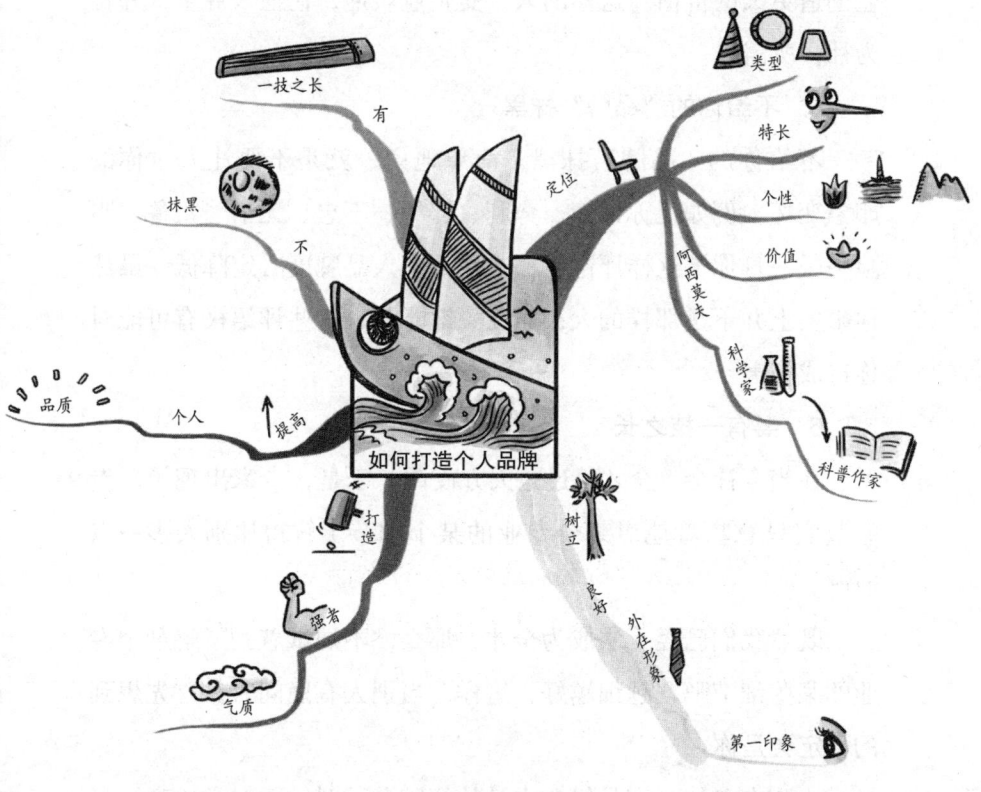

最基本的特征是具备两个高质量——个人业务技能和人品的高质量。即,既要有才更要有德,具有人格力量和人格魅力。

一个人仅仅工作能力强,而个人品质不高,是建立不起良好的个人品牌的,即使是暂时建立了,也不能持久,更不能令人信服。个人品牌讲究持久性和可靠性。拥有良好个人品牌的人,他的工作态度和工作能力是受周围的人所肯定的,其也必定能为企业创造更大的价值。这样的人,受企业欢迎,让他人尊重,并且为社会所需。

5. 不给你的"品牌"抹黑

不给你的"品牌"抹黑,简单地说,就是不要让人对你的印象变坏,例如说你懒惰、势利、邪气、不忠、无情、粗鲁、阴险……一旦你被这样评论,那么你的个人品牌度必定降低,虽然你事实上并不是那样的人;而在关键时刻,这些评语极有可能对你造成伤害。

6. 要有一技之长

在当今社会,全才不过是天方夜谭,于是,专家出现了。专家其实只意味着他对某个专业的某个细节了解得比别人多一点而已。

既然我们已经无法成为全才,那么,不妨试着去了解某个专业的某些细节吧,越细越好,这样,当别人有疑问时,首先想到的肯定会是你。

小陈在参加一家县级杂志社的招聘考试时,面对学历高、专业对口的众多竞争对手，却意外地成了一匹黑马。原来小陈擅长撰写新闻评论，多年的潜心经营使他在这个县城小有名气，形成了个人特色鲜明的"职业品牌"，而招聘方正缺这种在某个领域能独当一面的专业人才。

在求职过程中，一些求职者虽然学历高、知识面广，却被拒之门外，其中一个很重要的原因便在于他们十八般武艺样样都通晓一二，但没有一样拔尖，不具备出奇制胜的利器，也就失去了令人刮目相看的"职业品牌"。

21世纪是品牌时代，在职场中也应尽快建立起自己的个人品牌，从而成为能让老板和同事记住的人，说到你，能让人马上想到你许多与众不同的优点，比如你的业务能力、你的亲和力等。在这个有着充分选择自由的时代，如果在职场中具有了自己的个人品牌，就会有更多选择的机会和更多向上发展的机遇。

第八节

关照别人等于关照自己

钓过螃蟹的人或许都知道，篓子中放了一群螃蟹，不必盖盖子，螃蟹是爬不出去的，因为只要有一只想往上爬，其他螃蟹便会纷纷攀附在它的身上，结果是把它拉下来，最后没有一只出得去。

企业里常有一些分子，不喜欢看同事的成就与杰出表现，天天想尽办法破坏与打压，殊不知，这样既害了别人也耽误了自己。时间一久，企业里只剩下一群互相牵制、毫无生产力的"螃蟹"。

每个人从开始正式工作那天起直到退休，总在与同事打交道。雇用、解聘、受命、指示、挨批评、受表扬……几乎无时不在以同事为参照物，无时不在周旋、生存于同事圈。

与不同时期的同事建立包含友谊色彩的私交，可以说对事业、对工作、对生活都是极其有利的。大凡胸怀大志并取得成功的人都善于从自己的同事那里汲取智慧和力量，以及获得无穷的前进动力。

一个员工若想得到老板的赏识，就必须与同事建立良好的人际关系。而良好人际关系的基础，绝不会是自大、自负的结果，而应是在做好自己工作的基础上，懂得为其他同事着想，必要时帮助同事处理某项工作。

职场中，我们应对同事心怀感恩，即使你凭一己之力得来的成果，也不可独占功劳。让那些属于同一部门，曾经协助过你的同事一起来分享这份荣耀吧！

别担心你所扮演的角色会被人遗忘，因为你的所作所为在上司眼中瞧得清清楚楚，如果自己一味卖弄、夸耀，反而会落得邀功之嫌，当然，同事也会觉得十分反感。

相对的，如果大大方方地和同事分享功劳，一方面可以做个顺水人情，另一方面上司也会认为你很懂得搞好人际关系，而给你更高的评价。

可是卖这份人情的手法必须做得干净利落，不可矫揉造作，更不可对同事抱着"施恩"的态度，或希望下次有机会讨回这份人情。所谓放长线、钓大鱼，将目光放远才是上策。

第九节

学会分享，微笑竞争

一个人学会与别人共享自己的力量，人生的成功才能得到最完整的发挥。

成功必须从欲望出发，而欲望是通过行动来实现的。成功的开始，就在于我们独处时候的所思所为，而真正成功的奉献，则会凌驾一己之私的范围。

圆通成熟的个性，不可避免地会在对服务人群的献身上表现出来，它开始时可能是一种内在的精神较量，继而向外寻求更丰富的知识和谅解。成功并不是行为的本身，它是用来判定我们本身价值的东西。成功最终必然会影响到他人和我们自己的生活。

当一个人能公开对自己及他人承认，并非自己能独立获得这些成就，所以不能独享荣耀时，一种完美和谐的感觉会在其内心和人际关系中逐渐浮现。相互的感激与温暖的友谊使彼此不但共享成功的果实，且借由相互鼓励而不断地成长。

只要当过足球守门员都知道，球队的胜利不是他一个人的功劳。大部分的足球守门员都了解队友在前线防守的重要性。因为有了队友的防卫，球才不会轻易地被对方抢走，自己才可能打出漂亮的成绩。那些清楚这个事实，并能公开、大方地赞美队友的人，是值得嘉许的，因为在他们身上具有令人赞赏的风度及雅量。

每位父母都知道，即使拥有财力的单亲家庭也不可能独立地抚养一个孩子长大成人。有智慧的父母懂得感谢别人对他们的帮助，无论这些帮助是来自于师长、邻居或亲朋好友。

这样做并不会贬低父母的价值，相反地，他们为孩子开启了一扇窗，让孩子了解每个人都可能在其生命中扮演重要的角色。他们教导孩子尊敬及看重他人，同时，父母也因此在这个抚养的过程中，感受着来自他人的帮助与支持。

每位企业领导者都知道，他的成功是员工们一起努力的结果。大方地赞许这件事吧！感谢那些每天勤奋工作的人，为他们喝彩，称赞那些为这个团体努力工作的人，因为嘉许员工，和他们分享成功，公司会得到更多。

可见，要想获得成功，就要学会与人分享。即使在竞争中，也是如此。

"物竞天择，适者生存"，这是竞争的本质和普遍规律，也是自然界、人类社会得以前进的动力所在。竞争是与人争利，合作则是与人共利。看似矛盾的两者其实相生相克，互为补充。

在成功的道路上，合作与竞争有许多相通的地方。合作与竞争，可以说伴随着人类的出现而几乎同时出现。从原始社会到今天的社会主义社会，合作与竞争不仅没有削弱、消亡，相反，随着时间的推移和社会的进步，合作与竞争的趋势在增强。

随着人类生存空间的不断拓展，交往的不断扩大，科技的不断发展，合作与竞争的联系也在日益加强。

在向知识经济时代过渡的征途中，高科技的发展水平和发展速度已经超乎了人的想象，不论是国与国之间、组织与组织之间，抑或是具体的个人之间，竞争与合作已经成为不可逆转的大趋势。

实际上，任何一个人，任何一个民族、国家都不可能独自拥有人类最优秀的物质与精神财富，而随着人们相互依赖程度的进一步加深，那种一人打天下的思想多少显得有些幼稚。封闭的个人和孤立的企业所能够成就的"大业"将不复存在，合作与团队精神将变得空前重要。

缺乏合作精神的人将不可能成就事业，更不可能成为知识经济时代的强者。我们只有承认个人智能的局限性、懂得自我封闭的危害性、明确合作精神的重要性，我们才能有效地以合作伙伴的优势来弥补自身的缺陷，增强自身的力量，才能更好地应付知识经济时代的各种挑战。

比如说，当年微软和苹果争雄时，因为微软公司的"兼容"，允许各大电脑厂商使用自己的操作系统而使自己迅速发展为世界软件业巨头，相反，苹果的"不兼容"则使自己的路越来越窄。

如今的成功，不再是孤立的含义，在全球化的浪潮中，共赢成为主流，而如果想要与人共赢，就必须与人分享，在分享中微笑竞争。

第十节

有一种成功叫共赢

共赢，是具有远见的和谐发展，它不仅利人利己，而且还可以促进良性发展，让自己与分享者得到更多的利益，更有利于自己的长远发展。

人类社会的历史发展过程就是一部人类智慧发展的历史，在此基础上，共赢思想的产生是人类又一次智慧结晶的重组。

随着社会发展的步伐加快，人类所面临的机遇与挑战也越来越多，越来越复杂，在这种现状下，摒弃单纯的敌视对抗就是最好的生存方式，这种理念就是共赢。

唯有共赢，人类与自然才能共存共荣，共同发展；携手共赢，人与人才会互惠互利，利益互享。

21世纪是一个全球一体化的共赢时代，合作已成为人类生存的重要手段。随着科学知识向纵深方向发展，社会分工越来越精细，人不可能再成为百科全书式的人物。每个人都要借助他人的智慧完成自己人生的超越，所以这个世界既充满了竞争与挑战，又充满了合作与快乐。

合作共赢不仅使科学王国不再壁垒森严，同时也改写了世界的经济疆界。我们正经历一场转变，这一转变将重组政治和经济，将没有仅属于一国的产品或技术，没有仅属于一国的公司，也没有仅属于一国的工业。

至少将来不再有我们通常所知的仅属于一国的经济。留存在国家界限之内的一切，是组成国家的公民。

所以，在这样一个大背景之下，共赢心态成为人们走向成功所必备的一种心态。

在这个纷繁复杂的社会中，每个人都需要别人的帮助。适应他人固然要心胸宽广和虚心学习，但如果仅仅是单方面地适应，则可能仍然得不到他人的支持与帮助。因此，具备施与心，还要具备帮助他人适应你的能力和习惯。

与对手竞争夺取成功是我们的奋斗目标。但合作共赢也是成功的一大趋势。人在通往成功的路上更多的是战胜自己，而不是战胜他人，更多的是与他人相互合作，而不是相互争斗。

我们所说的竞争是合作前提下的竞争，是竞争与合作的对立统一。试想，纵然你获取了万贯财产，可是由于品行问题搞得众叛亲离，成了孤家寡人，哪里有一点幸福感可言？

　　成功与幸福始终是相伴而行的。缺乏情感的冷冰式的成功实际上是暂时的，伴随这样的成功而来的，更多的是痛苦，而不是喜悦。

　　人生在世，离开合作，谁也无法生存。因此，我们一方面提倡竞争，另一方面主张合作共赢。我们不能单纯为了小范围的个人利益而相互争斗，我们应该为了大范围内的共同利益而合作。多帮助他人，才可能得到更多的帮助。

　　俗话说得好，"投之以桃，报之以李"，今天你帮助他人，他可能不会马上报答，但他会记住你的好处，也许会在你不如意时给你以回报。

　　退一万步来说，你帮助别人，他即使不会报答你的厚爱，但可以肯定的是，他日后至少不会做出对你不利的事情。如果大家都不做不利于你的事情，这不也是一种极大的帮助吗？

　　举个例子来说，中国人喜欢用筷子做餐具，用过筷子的人都知道，只有将两支独立的筷子放在一起才能夹起你想要吃的东西。这两支筷子也蕴含了一个道理，那就是和他人共赢会赢得更多。

　　曾经有一名商人在一团漆黑的路上小心翼翼地走着，心里懊悔自己出门时为什么不带上照明的工具。忽然前面出现了一点光亮，并渐渐地靠近。灯光照亮了附近的路，商人走起路来也顺畅了一些。待到他走近灯光时，才发现那个提着灯笼走路的人竟然是一位盲人。

商人十分奇怪地问那位盲人说："你本人双目失明，灯笼对你一点用处也没有，你为什么要打灯笼呢？不怕浪费灯油吗？"

盲人听了他的问话后，慢条斯理地回答道："我打灯笼并不是为给别人照路，而是因为在黑暗中行走，别人往往看不见我，我便很容易被人撞倒。而我提着灯笼走路，灯光虽不能帮我看清前面的路，却能让别人看见我。这样，我就不会被别人撞倒了。"

这位盲人用灯火为他人照亮了本是漆黑的路，为他人带来了方便，同时也因此保护了自己。正如印度谚语所说："帮助你的兄弟划船过河吧！瞧，你自己不也过河了！"

由此可见，共赢是一种卓有远见的和谐发展，既利人，又利己；既合作，又竞争；既相互比赛，又相互激励……达到的效果远远比单赢要大得多、远得多。

全球化的发展，使得人们之间的共同利益越来越多，与别人合作共赢，会使自己走向成功的更深一层。共赢是一种卓有远见和雄心的成功心态，也是新世纪新背景下新时代的要求。由于当代科学技术和社会的发展，对于一个立志开拓，希望获得成功的人来说，已经不仅仅需要个体的精进，而且还需要知识的高度集结作为成功的基石。

因此，你越是善于从群体中求知，越是不断地开拓新的求知领域，你就越有益于人与人之间的优势互补，使你的智能结构越是完美，越是富有应变能力，进而越是能够应付变化繁复的社会发展和科学技术的发展。

你要想成为21世纪的高效能人才、未来的成功者，就一定要有共赢之心，这是时代的要求，更应为每一个欲成大事者所共识。